地球
是如何
运转的

图文并茂
带你阅尽地球奇观

图书在版编目（CIP）数据

地球是如何运转的 / So190公司著 ; 郑晗玉译. ——
成都：四川少年儿童出版社，2018.11（2019.10重印）
ISBN 978-7-5365-9116-5

Ⅰ．①地… Ⅱ．①S… ②郑… Ⅲ．①自然地理—世界
—青少年读物 Ⅳ．①P941-49

中国版本图书馆CIP数据核字（2018）第241167号

出 版 人：常　青
项目统筹：高海潮
责任编辑：刘　丹
封面设计：周筱刚
责任校对：张舒平
责任印制：王　春

DIQIU SHI RUHE YUNZHUAN DE
书　　名：地球是如何运转的
图书策划：上海懿海文化传播中心
原　　著：〔西〕So190公司
翻　　译：郑晗玉
出　　版：四川少年儿童出版社

地　　址：成都市槐树街2号
网　　址：http://www.sccph.com.cn
网　　店：http://scsnetcbs.tmall.com
经　　销：新华书店
印　　刷：深圳市福圣印刷有限公司
成品尺寸：285mm×210mm
开　　本：16
印　　张：16
字　　数：320千
版　　次：2019年3月第1版
印　　次：2019年10月第2次印刷
书　　号：ISBN 978-7-5365-9116-5
定　　价：138.00元

著作权合同登记号：图进字 21-2018-775

地球是如何运转的

[西] Sol90公司 著　　郑晗玉 译

四川少年儿童出版社

前　言

　　本书剖析了数百项有关地球的研究对象，穿插数以千计的奇趣知识，无论是简单的如雾的成因，还是复杂的如地震的成因，都阐释得简明易懂，读起来妙趣横生。书中构思精巧的摄影作品、细腻生动的全彩剖面解析图，向你展示了大自然的美妙奇观。就连自然界最复杂的谜题，诸如：地球的过去与未来、生命是如何形成的、哺乳动物如何调节体温、沉积物如何转换等等，本书也将与你一同探索其答案。

　　本书根据主题分为八章，讨论了地质、火山、地震、生态、环境、天气、动物、植物和自然奇观。全书图文并茂、浅显易懂，为你带来精彩纷呈的冒险体验。翻开本书，一同探寻关于地球运转的一切奥秘吧！探索恢宏壮阔的亚马孙河、喜马拉雅山脉、科罗拉多大峡谷，身临其境般目睹死亡谷的诞生，发现与我们同呼吸共命运的8 700万个物种！

　　自然界的一切奇观与奥秘，就在这里。

目　录

"

世界上的人类及其对地球有限资源的需求，呈指数爆炸趋势。同步上升的还有人类改造环境的技术水平。这些技术既能用来保护、改善环境，也能用来破坏环境。

"

——史蒂芬·霍金

导　语

　　科学家们通过研究地质结构和化石，还原地球上的生命的活动历程。当今的研究表明，地球形成于46亿年前。自诞生之日起，又经历10亿年光阴，地球上最早的生物——细菌——出现了。从细菌出现的那一刻开始，地球见证了不胜枚举的物种诞生、进化、消亡的过程。

　　最初的地球表面被一座座火山覆盖，这些火山不断喷发出稀薄的岩浆。岩浆冷却后成为了地球的原始地壳，冷却过程中释放出的气体形成了大气层。地球上最早的有机体进行无氧呼吸。事实上，在很长很长的时间里，地球上的生命只有单细胞生物，其中绝大部分是细菌，细菌已经在地球上存在了30亿年之久。和单细胞生物的历史相比，中生代（6 500万年前）的霸主恐龙只能算作新面孔，而人类的历史则更加不值一提。

　　约在21亿年前，地球表面出现了氧气，它显著地影响了地球上的生命形式。随后，水和二氧化碳等重要化合物出现。地球上最早的多细胞生物出现在4亿年前的志留纪，此时，植物开始在浅海沉积区生长，甲壳动物开始到陆地上生活。

① 哺乳动物

出现于近2亿年前的三叠纪晚期，目前有5 000余个品种。

② 巴图尔火山

位于印度尼西亚热带岛屿巴厘岛上，是最负盛名的活火山之一，最近一次爆发发生在2 000年。

③ 蘑菇

这种生物生长于潮湿幽暗的环境中，部分品种可食用。

两栖动物——因为有肺，所以能在空气中呼吸——成为了最早的陆生脊椎动物。接下来的时光里，恐龙以及其他爬行动物称霸地球。白垩纪落幕时，它们的霸主地位也随之终结。恐龙的灭绝让鸟类和哺乳动物有了生存和发展的机会。草原面积扩大，成为了最主要的生物群落，以及人类最早的祖先的栖息地。如今已知的最早的两足原始人（乍得沙赫人，目前尚有争议）生活在距今约600万~700万年前。

地球在不断变化。最新的研究表明，目前，地球上生活着870万个物种，它们分别来自动物界、植物界、真菌界、原生动物亚界、色藻界，其中25%生活在海洋中，而人类目前仅仅发现了其

中的140万种。数百万年来，大陆板块逐渐演化为与第三纪（6000万年前）时类似的格局，地球上最高的几条山脉——阿尔卑斯山脉、安第斯山脉，以及印度板块和欧亚板块碰撞形成的最高的喜马拉雅山脉，均形成于新生代之初。

今天，我们能够监测火山、地震，以及导致地球表面变化的最主要的因素——天气。人类活动给地球带来的影响不可忽视，我们作为地球资源最贪婪的消费者，需要对当今的气候变化负很大责任。

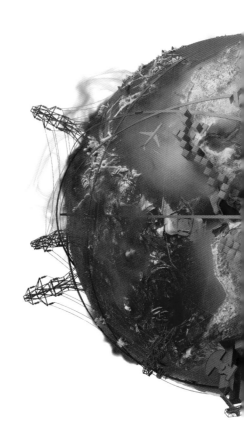

从宇宙的角度看地球

太阳系的第三颗行星——地球——十分独特，
很可能是唯一一颗能够孕育生命的行星。

第一章

地 球

46亿年前，地球自尘埃与气体组成的云团中诞生。起初，它是一颗熊熊燃烧的大火球，时刻发生着剧烈的变化。随着时间推移，地球逐渐冷却。降雨使大气层变得清澈，同时在地球表面形成了海洋。

蓝色的行星

地球被称为蓝色的行星，因为蓝色的海洋占据了地球表面三分之二的面积。从太阳向外数的第三颗行星——地球，是太阳系内唯一适宜生物生存的星球。地球有丰富的液态水、适宜的温度，以及能够阻挡太空异物的大气层。大气层中的臭氧层能够过滤太阳辐射。地球两极稍扁，赤道略鼓，绕自转轴自转一圈的时间约为24小时。

生命的出现

液态水是生命能在地球上出现并存活的关键因素。地球是已知的唯一一颗行星——气温变化在0摄氏度到100摄氏度，水能以液态存在。地球与太阳的平均距离以及其他因素，共同为38亿年前生命在此发展提供了条件。

低于0 摄氏度

0到100 摄氏度

超过100 摄氏度

全部结冰

火星离太阳太远（温度太低），上面的水永远都是结冰的状态。

三态共存

地球上的水能以三种状态存在。

只有水蒸气

水星和金星离太阳近，上面的水受热蒸发，以水蒸气形式存在。

地球运动

地球绕太阳公转，绕自转轴自转。

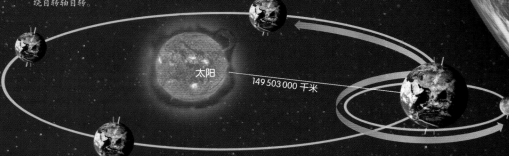

太阳

149 503 000 千米

地球自转

地球每23小时56分钟绕自转轴自转一周。

地球公转

地球绕太阳公转一周需要365天5小时57分钟。

月球是地球唯一的天然卫星，直径约为地球的四分之一，绕地球公转一周需要27.32天。

南极

地轴倾斜

自转轴

北极

特点

适用星球标志

基本数据

与太阳的平均距离	1.5亿千米
绕太阳一周（地球年）	365.25天
赤道处直径	12756千米
绕太阳公转速度	约29千米/秒

密度	5.52克/立方厘米
平均温度	15摄氏度

地轴倾角

23.5度

自转一周

23小时56分钟

70%

地球表面70%的面积都被水覆盖。从太空看，地球是蓝色的。

23.5度

地球的自转轴相对于轨道平面的倾斜角度约为23.5度。当地球绕太阳公转时，不同的地区受到的日照长短和面积不同，因而产生了不同的气候。

1 水的蒸发

海水吸收来自太阳的能量后会蒸发，进入大气层。不仅海水会蒸发，湖水、河水以及其他水资源也是一样。

2 水的凝结

饱含水蒸气的空气四处流动，遇到冷空气凝结为云朵，而云朵最终会以降雨或下雪等其他形式回归大地。

3 降水

水分凝结使空气中的水蒸气减少，重力使凝结形成的液态或固态水下落成雨或雪，甚至冰雹。此外，露水和霜形成时会迅速改变所覆盖物体表面的状态。

生物圈

生物活动的范围只占地球的一小部分：地球表面、海洋、离地8千米以内的大气层，以及植物根部所能到达的地下。生物圈只占据了地球这颗行星很小的部分。研究生物圈，能够揭示不同的生命形式存在的规律，了解影响物种和生态系统分布的各种因素。

地球的运动和坐标

我们生活在一颗不断运动的星球上，地球绕地轴（自转轴）自转的同时绕太阳公转。日夜更迭、四季交替、年岁变化等现象正是由自转和公转造成的。为了计时，人类发明了日历、钟表以及时区的概念。时区由子午线划分，每个区域使用同一标准时间。向东前进时，每经过一个时区需要把钟表调快一小时，向西时则调慢一小时。

地球运动

黑夜与白天，夏季与冬季，新的一年取代过去的一年，这些都是地球自传以及绕太阳公转带来的现象。地球最重要的运动就是自西向东自转以及绕太阳公转。地球绕太阳公转的轨道为椭圆轨道，太阳位于其中一个焦点上，所以一年中，地球与太阳的距离会发生变化。

昼夜平分点与二至点

每年6月21日左右，北半球朝向太阳的面积达到最大（这一现象被称为北半球的夏至点，南半球的冬至点）。北极全天受到太阳光照射，而南极终日笼罩在黑暗之中。在一个二至点到下一个二至点期间，会出现昼夜平分点，此时地轴方向指向太阳，地球上的任何一个角落的白天和黑夜都是各12个小时。

23.5度　北极

自转
周期1天

地球每23小时56分钟自转一周，这一转动给我们带来了白天和黑夜。

南极

公转
周期一年

地球每绕太阳转动一周需要365天5小时57分钟。

9角秒

章动
周期18.6年

章动是地球幅度较小的震动，会导致地理极点发生微小的晃动。

47度

旋进
周期25 800年

由地球非正球体的形状特性，以及太阳和月球的引力所导致的地轴缓慢改变方向的现象。

6月20日或21日

北半球的夏至和南半球的冬至

由于地轴是倾斜的，所以产生了二至点。日照的长度和太阳相对地球的高度在夏季达到最大值，在冬季达到最小值。

3月20日或21日

北半球的春分和南半球的秋分

太阳直射赤道，昼夜等分。

太阳

9月21日或22日

北半球的秋分和南半球的春分

太阳直射赤道，昼夜等分。

测量时间

我们用日历和钟表来记载年、月、日，但年、月、日的计算依据，既不是基于文化习俗，也不是基于凭空想象，而是根据地球的运动规律确定的。

近日点

地球绕太阳运动中离太阳距离最近的点（1.47亿千米）。

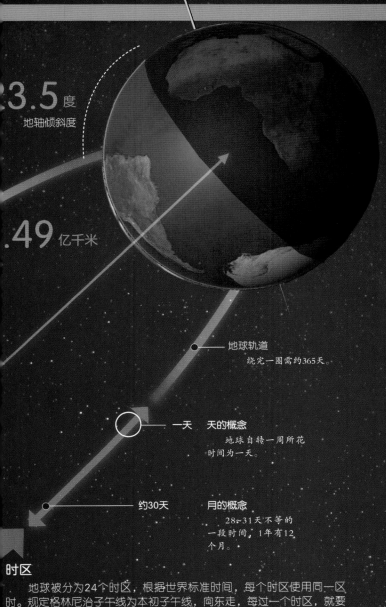

23.5 度
地轴倾斜度

1.49 亿千米

12 月 21 日或 22 日

北半球的冬至和南半球的夏至

　　由于地轴是倾斜的，所以产生了二至点。日照的长度和太阳相对地球的高度在夏季达到最大值，在冬季达到最小值。

远日点
地球绕太阳运动中离太阳距离最远的点（1.52亿千米）。

地球轨道
绕完一圈需约365天。

一天　天的概念
地球自转一周所花时间为一天。

约30天　月的概念
28~31天不等的一段时间，1年有12个月。

地理坐标

　　以赤道和格林尼治子午线（零度经线）相交处为参照点，借助经纬交织而成的网，能够准确定位地球表面的任意一点。该参照点同时也是地球两极的中点。

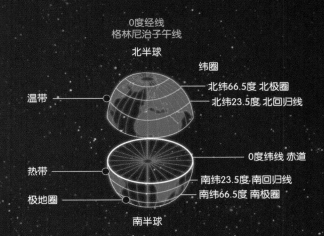

0度经线
格林尼治子午线
北半球

纬圈
北纬66.5度 北极圈
北纬23.5度 北回归线

温带

热带

0度纬线 赤道
南纬23.5度 南回归线
南纬66.5度 南极圈

极地圈

南半球

时区

　　地球被分为24个时区，根据世界标准时间，每个时区使用同一区时。规定格林尼治子午线为本初子午线，向东走，每过一个时区，就要把表拨快一个小时；向西走，每过一个时区，就要把表拨慢一个小时。

时差综合征

　　人体的生物钟会对日夜更替引起的光明与黑暗做出反应。向东或向西的长途空中旅行会打乱人体生物钟，导致时差综合征。时差综合征可能引起疲劳、烦躁、恶心、头疼以及失眠。

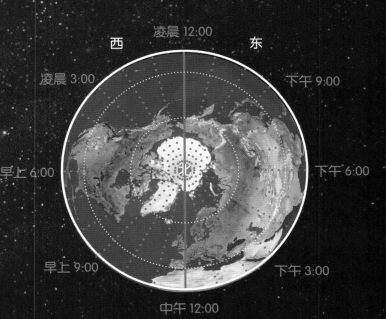

凌晨 12:00

西　　　　　东

凌晨 3:00　　　　下午 9:00

早上 6:00　　　　下午 6:00

北

早上 9:00　　　　下午 3:00

中午 12:00

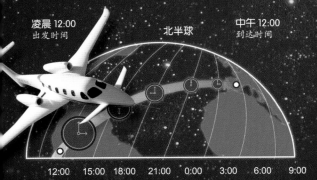

凌晨 12:00
出发时间

北半球

中午 12:00
到达时间

12:00　15:00　18:00　21:00　0:00　3:00　6:00　9:00

地球的磁性

地球就如同一块巨大的磁铁，拥有巨大的磁场和南、北磁极。地球具有磁性的原因可能是导电的地壳中的铁和镍的运动，也可能是地核高温环境中的对流。地磁场随时间变化。过去的500万年中，已经发生过20余次地磁极倒转，最近的一次发生于70万年前。

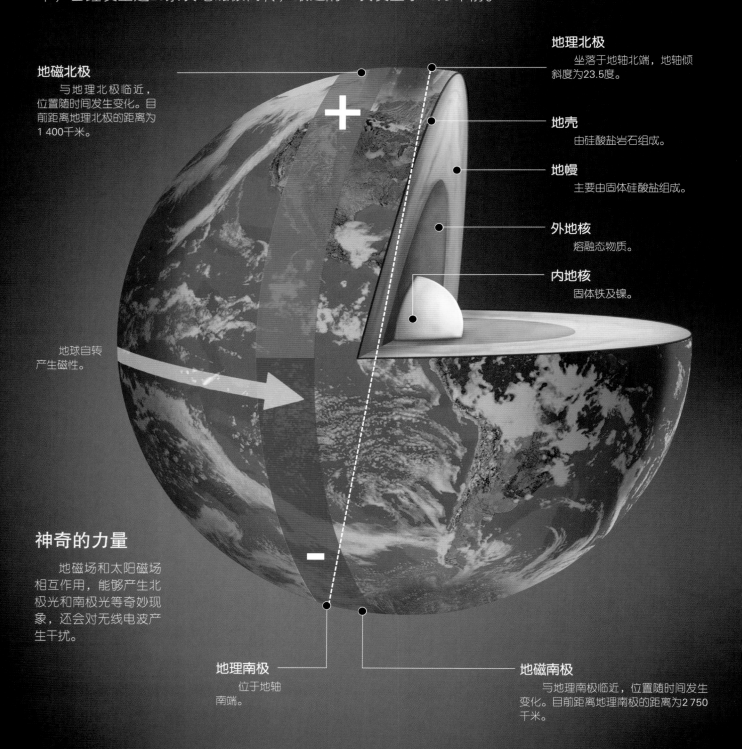

地理北极
坐落于地轴北端，地轴倾斜度为23.5度。

地壳
由硅酸盐岩石组成。

地幔
主要由固体硅酸盐组成。

外地核
熔融态物质。

内地核
固体铁及镍。

地磁北极
与地理北极临近，位置随时间发生变化。目前距离地理北极的距离为1 400千米。

地球自转产生磁性。

神奇的力量

地磁场和太阳磁场相互作用，能够产生北极光和南极光等奇妙现象，还会对无线电波产生干扰。

地理南极
位于地轴南端。

地磁南极
与地理南极临近，位置随时间发生变化。目前距离地理南极的距离为2 750千米。

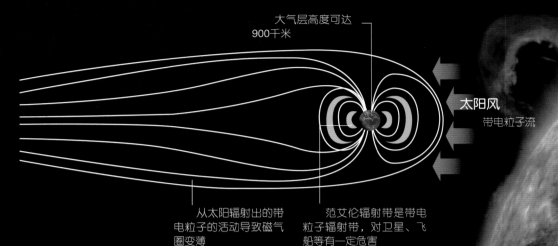

大气层高度可达
900千米

磁气圈

绕地球形成的不可见的磁力线，外观为卵形，可延伸至地球外6万千米的位置。磁气圈的功能之一是保护地球不受太阳辐射中有害物质的影响。

太阳风

带电粒子流

从太阳辐射出的带电粒子的活动导致磁气圈变薄

范艾伦辐射带是带电粒子辐射带，对卫星、飞船等有一定危害

行星磁场与太阳磁场

太阳系的行星大多有着特色各异的磁场。四颗比地球大的行星，其磁场也比地球强。

| 海王星 | 天王星 | 土星 | 木星 | 火星 | 地球 | 金星 | 水星 | 太阳 |

科学家们认为，火星从前的磁场比现在更强。

太阳系中唯一没有磁场的行星。

水星的磁场较弱。

重力

重力来自于两个物体互相吸引所产生的力——万有引力，是自然界四种基本力之一。人体所受重力来自于地球对人的引力，在日常生活中通常用体重来表示。整个宇宙中，星体的运动都与引力有关。例如，太阳系中的行星绕太阳运动，就是由太阳与行星间的引力导致的。

日冕（太阳大气的最外层）的周围会产生磁场。

11 千克

月球上

月球质量小于地球，因此同一物体在月球上所受重力也小于在地球上所受的重力。

重量

重量是物体所受重力大小的度量。

177 千克

木星上

木星的质量是地球的300余倍，因此物体在木星上受到的重力比地球上受到的重力大。

70 千克

地球上

物体被地球吸引。

日食和月食

在满月或新月之时，通常每年4次，月球、太阳和地球的中心连成一条直线，造就了最为奇妙的天体现象：日食和月食。日食和月食出现时，月亮要么正挡在太阳和地球之间，要么正在地球的阴影中穿行。日食为天文学家们做实验提供了难得的契机。我们观察日食时，不宜用肉眼直视太阳，因为太阳光会对眼睛造成不可修复的损伤，例如灼伤视网膜等。应采取透过特制的光线过滤装置观看，或是将太阳投影到纸上观看，从而能够安全地欣赏日食。

从地球角度观看到的月全食

橙色是经过了折射和大气层影响后的太阳光。

从地球角度观看到的日环食

日食

月亮从太阳和地球之间穿过，沿直线投影在地球上，此时发生的现象就叫作日食。位于中心的锥形阴影部分叫作本影，其余的阴影部分叫作半影。本影区域笼罩内的观察者所见到的是月亮完全遮住太阳——日全食，而半影区域笼罩下的观察者所见的是月亮遮住了一部分太阳——日偏食。

排成直线

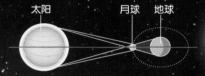

太阳　　　月球　地球

日食期间，由于太阳的光线被遮挡住，方便天文学家用特殊的装置观察太阳的大气层。

日食类型

日全食

月亮在太阳和地球之间，向地球投射圆锥形阴影。

日环食

太阳的边缘超出了月球遮挡的部分，在阴影外围形成了一圈可见的光线。

日偏食

月亮未能完全遮挡太阳，太阳呈月牙状。

太阳的视直径是月球的

400 倍大小

阳光

太阳到地球的距离是

月球到地球距离的 **400** 倍

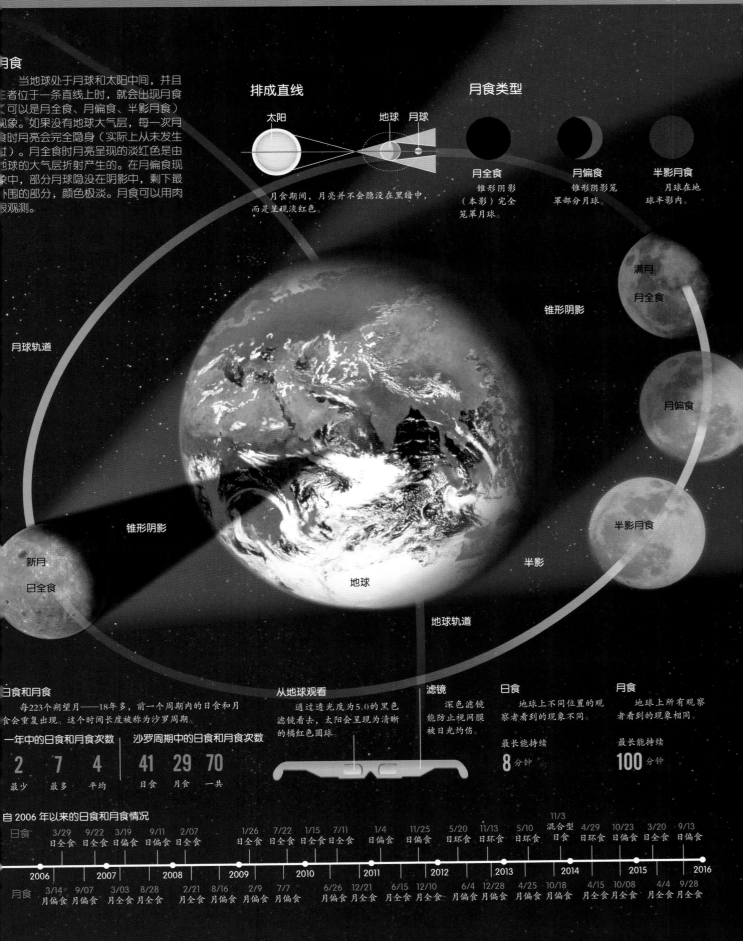

月食

当地球处于月球和太阳中间，并且三者位于一条直线上时，就会出现月食（可以是月全食、月偏食、半影月食）现象。如果没有地球大气层，每一次月食时月亮会完全隐身（实际上从未发生过）。月全食时月亮呈现的淡红色是由地球的大气层折射产生的。在月偏食现象中，部分月球隐没在阴影中，剩下最外围的部分，颜色极淡。月食可以用肉眼观测。

排成直线

太阳　地球　月球

月食期间，月亮并不会隐没在黑暗中，而是呈现淡红色。

月食类型

月全食
锥形阴影（本影）完全笼罩月球。

月偏食
锥形阴影笼罩部分月球。

半影月食
月球在地球半影内。

月球轨道

锥形阴影

满月
月全食

月偏食

半影月食

半影

地球轨道

新月
日全食

锥形阴影

地球

日食和月食

每223个朔望月——18年多，前一个周期内的日食和月食会重复出现。这个时间长度被称为沙罗周期。

一年中的日食和月食次数

2	7	4
最少	最多	平均

沙罗周期中的日食和月食次数

41	29	70
日食	月食	一共

从地球观看

通过透光度为5.0的黑色滤镜看去，太阳会呈现为清晰的橘红色圆球。

滤镜

深色滤镜能防止视网膜被日光灼伤。

日食

地球上不同位置的观察者看到的现象不同。

最长能持续 **8**分钟

月食

地球上所有观察者看到的现象相同。

最长能持续 **100**分钟

自2006年以来的日食和月食情况

日食																	11/3			
	3/29	9/22	3/19	9/11	2/07		1/26	7/22	1/15	7/11		1/4	11/25	5/20	11/13	5/10	混合型	4/29	10/23	3/20	9/13
	日全食	日全食	日偏食	日偏食	日全食		日全食	日全食	日全食	日全食		日偏食	日偏食	日环食	日环食	日环食	日食	日环食	日偏食	日全食	日偏食

| 2006 | 2007 | 2008 | 2009 | 2010 | 2011 | 2012 | 2013 | 2014 | 2015 | 2016 |

月食																			
3/14	9/07	3/03	8/28	2/21	8/16	2/9	7/7	6/26	12/21	6/15	12/10	6/4	12/28	4/25	10/18	4/15	10/08	4/4	9/27
月偏食	月偏食	月全食	月全食	月全食	月偏食	月偏食	月全食	月偏食	月全食	月全食	月全食	月偏食	月偏食	月全食	月全食	月全食	月偏食	月全食	月全食

悠久的历史

　　根据天文学家们提出的星云假说，地球与太阳以及其他行星，是以同样的方式，在同一时间形成的。一切起源自46亿年前一块主要由氦气和氢气，以及小部分更重的物质组成的巨大星云。地球是由其中旋转的"小型"星云发展而来的。星云中的颗粒不断旋转，彼此相撞，产生极高的温度，而后发生了许多变化，最终形成了地球的形态。

从荒凉到繁盛

　　地球形成于46亿年前。最初的地球是太阳系中的一颗白炽岩体。世界上最早确认的生命出现在36亿年前的海洋中。自那以后，地球上的生命蓬勃发展，日新月异。地球上的一切都随时处在变化中。科学家们推测，未来地球将会发生更多改变。

45 亿年前
冷却

　　地球暴露在太空中，冷却之后形成了最早的地壳。地壳各层密度不同而形成分层。

46 亿年前
地球形成

　　天体把周边的物质吸引聚集在一起的过程称为吸积。46亿年前，地球的吸积过程结束，大小不再发生变化。

6 000 万年前
第三纪造山运动

　　当今最高的几座山脉（阿尔卑斯山、安第斯山、喜马拉雅山）都形成于此时的造山运动。时至今日，该造山运动仍在引发地震。

5.4 亿年前
古生代板块分裂

　　原生的一整块大陆经历分裂，变成了我们今天所熟知的各个大陆。地球上海洋所占面积达到了巅峰。

10 亿年前
超大陆

　　罗迪尼亚超大陆是第一个超大陆，但在6.5亿年前就彻底消失了。

40
亿年前

陨石撞击

当时的陨石撞击地球的速度是现在的150倍。撞击导致原始海洋蒸发，生命诞生。

38
亿年前

太古宙
趋于稳定

大气层、海洋和原始生命处在蓬勃发展之中。与此同时，地壳趋于稳定，地壳的第一个板块出现，由于自身重量又下沉到地幔中，新板块接替了旧板块的位置，这一现象至今仍然在发生。

最早的地壳在冷却过程中，通过剧烈的火山运动释放地球内部的空气，形成了大气层和海洋。

超级火山时代

科马提岩的发现为这一时期留下了物证。现在的火山爆发不会形成这种火成岩。

最老的岩石诞生了

18
亿年前

元古宙
大陆

第一块大陆诞生了，由轻岩石构成。在劳伦古大陆曾经的位置（现北美地区）和波罗的海地区，还存有来自那个时代的大型岩石区。

22
亿年前

地球变暖

地球再次变暖，一部分冰川化为了海洋。海洋里孕育着新的生命。臭氧层开始形成。

23
亿年前

冰封大地

此时地球第一次进入大冰期。

地球圈层

从地面开始，每下降33米，温度就升高1摄氏度。虽然地心温度高达6 700摄氏度，但因其承受着极大的压力，所以被认为是固态的。假设一个人想要到达地心，必须穿过层次分明的4层结构。覆盖地球表面的气体也根据其组成被划分为数层。作用在地壳上方以及下方的力对地壳的形状和结构不断进行改变。

地壳

地壳是地球固态的外壳。海洋下方的地壳厚度为4千米~15千米，山脉下方的地壳厚度可达70千米。陆地上的火山和洋中脊处的火山活动会产生新的岩石，这些岩石会成为地壳的一部分。地壳底部的岩石会重新熔融成为地幔。

图例 ● 沉积岩　　　● 火成岩　　　● 变质岩

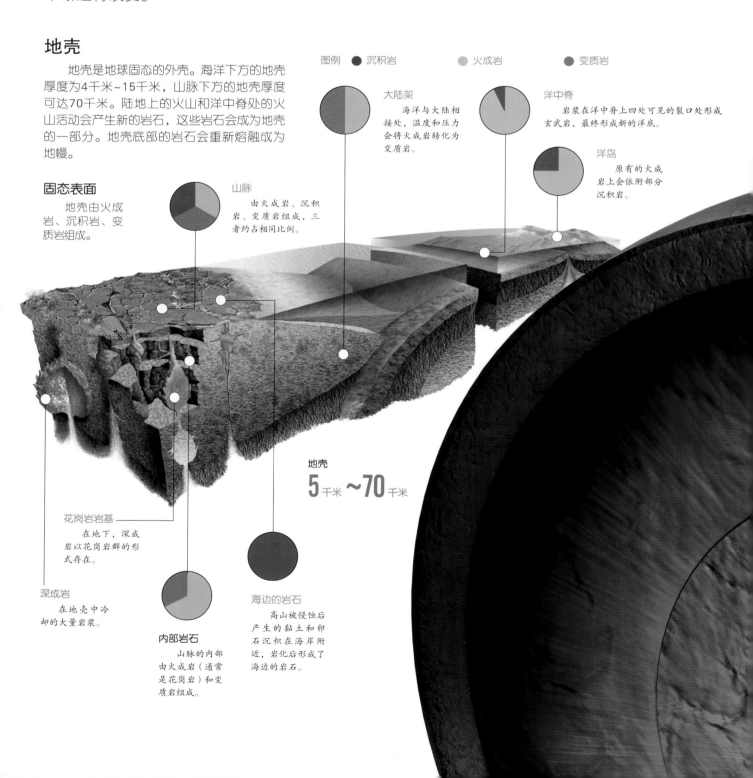

大陆架
海洋与大陆相接处，温度和压力会将火成岩转化为变质岩。

洋中脊
岩浆在洋中脊上四处可见的裂口处形成玄武岩，最终形成新的洋底。

洋岛
原有的火成岩上会依附部分沉积岩。

固态表面
地壳由火成岩、沉积岩、变质岩组成。

山脉
由火成岩、沉积岩、变质岩组成，三者约占相同比例。

地壳
5 千米 ~ 70 千米

花岗岩岩基
在地下，深成岩以花岗岩群的形式存在。

深成岩
在地壳中冷却的大量岩浆。

内部岩石
山脉的内部由火成岩（通常是花岗岩）和变质岩组成。

海边的岩石
高山被侵蚀后产生的黏土和卵石沉积在海岸附近，岩化后形成了海边的岩石。

大气层

　　我们每天呼吸的空气和遭遇的各种天气状况都发生在靠近地面的对流层中。对流层相对偏薄，在赤道位置厚度为18千米，两极位置厚度为8千米。大气层的每一层都有特殊的成分。

厚度不超过

18 千米

对流层

　　所含气体占大气层气体总量的75%，几乎囊括了大气层中所有水分。

厚度不超过

55 千米

同温层

　　非常干燥，水分在该层中会结冰并坠入对流层。臭氧层在该层内。

厚度不超过

85 千米

中间层

　　温度为零下90摄氏度。由此层往上，温度会逐渐回升。

厚度不超过

800 千米

热成层

　　密度很低，靠近下方的250千米绝大部分为氮气，上方则几乎为氧气。

厚度超过

2 200 千米

散逸层

　　没有明显边界，含有较轻的气体，例如氢气、氦气，这些气体主要以离子状态存在。

上地幔厚度约为

710 千米

岩石圈厚度约为 —————— **100 千米**

　　包含了地壳和上地幔的固体外壳部分。

下地幔厚度约为

2 250 千米

　　其组成成分与地壳的组成成分类似，但均为液态，且所受压力更大。温度为1000摄氏度~4500摄氏度。

软流圈厚度约为 —————— **480 千米**

　　软流圈由部分熔化的岩石构成。

外地核厚度约为

2 375 千米

　　主要由熔融的金属组成，其中铁和镍占主要成分。温度高于4700摄氏度。

内地核厚度约为

1 100 千米

　　因为所受压力极大，所以内地核是固态的。

板块的旅程

1910年，德国地球物理学家阿尔弗雷德·魏格纳提出"大陆漂移说"。这一说法当时听起来荒诞不经，缺少依据。半个世纪过去后，板块构造理论解释了大陆漂移的原因。海底的火山活动、海水对流以及地幔中岩石熔融为大陆漂移提供了动力。时至今日，大陆漂移仍旧改变着地球表面的样子。

大陆漂移

关于大陆漂移，有人说，陆地是漂浮在海洋上的。这一说法并不准确。事实上，七大构造板块包含了海床和大陆。各构造板块如同被分成数块的龟壳一般漂浮在地幔软流层上。根据板块运动的方向，不同板块的边缘可能会聚合（板块相遇）、分裂（板块分离），或是水平交错。

隐藏的动力

熔融态岩石的对流为地壳运动提供了动力。上升的岩浆在板块分裂处形成新的地壳。相遇的板块其聚合处重新进入熔融态成为地幔的一部分。

2.5 亿年前

当今所有的大陆曾经是被海洋包围的一块整体大陆，称为泛古陆。

泛古陆

1.8 亿年前

如同南极洲板块一样，北美洲板块也脱离了整体大陆。超级大陆冈瓦纳古陆（现今的南美洲大陆和非洲大陆）开始脱离整体大陆，形成了南大西洋。印度和非洲分离。

劳亚古陆

冈瓦纳古陆

南极洲

5 厘米
板块一年移动的距离。

聚合板块边缘
两块板块相撞，其中一块会沉于另一块下方，形成俯冲带。板块相撞会导致地壳褶皱以及火山活动。

汤加海沟

东太平洋海岭

纳斯卡板块

秘鲁－智利海沟

印澳板块

对流
温度最高的熔融态岩石上升，随后冷却并下沉。这个过程使地幔发生持续的对流。

背离运动
岩浆活动导致构造板块向俯冲带方向扩张。

1 亿年前

大西洋形成；印度板块朝亚欧板块移动；澳大利亚板块正从南极洲板块分离。

6 000 万年前

各大陆已漂移到现今所在位置附近。印度板块与亚洲板块即将相撞，世界上最高的山脉——喜马拉雅山脉正在崛起，地中海盆地开始形成。

2.5 亿年后

各大陆又重新聚在一起。

北美大陆
亚欧大陆
南美大陆
非洲大陆
印度板块
大西洋
澳大利亚大陆
南极洲

北美大陆
亚欧大陆
非洲大陆
南美大陆
大西洋

南美板块
大西洋中脊
东非大裂谷

大陆花岗岩

分离板块边缘

两块板块分离会形成裂口，岩浆向裂口施加极大压力，冷却后成为海洋地壳的一部分。大西洋正是这样形成的。

非洲板块

索马里板块

俯冲带

大陆地壳

岩浆向分离板块边缘上升，形成新的海洋地壳。

地壳褶皱

构造板块的运动导致地壳扭曲和断裂，特别是在聚合板块边缘。数百万年来，这些板块扭曲的部分组成了宏大的被称为褶皱的地形，褶皱形成山脉。某些特殊的地形为人们了解地球历史上的大型造山运动提供了线索。

地壳变形

地壳由数层岩石组成。由速度不同、方向不同的板块运动形成的构造作用力使地壳岩层发生形变、移动以及断裂。数百万年才能形成山脉。山脉成形后，又开始面对外力，例如风霜雪雨和水流等的侵蚀考验。

1 一部分长期处在横向构造力作用下的地壳遭遇阻力，岩层变形。

2 较为坚硬的岩层外层断裂并形成断层，如果一块岩层边缘滑入另一块下方，则会形成逆冲断层。

3 可以根据岩石的组成判断褶皱形成的年代，即使岩石受到侵蚀也仍然有效。

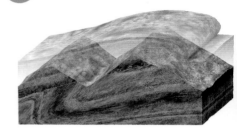

三大地质褶皱事件

地质历史上有三大造山过程，称为"造山运动"。前两次造山运动（加里东运动以及海西运动）的产物经历了数百万年的侵蚀，如今已经变低了许多。

组成物： 绝大部分为花岗岩、石板、角闪岩、片麻岩、石英岩和片岩。

组成物： 泥岩、石板和砂岩、岩层。

三叶虫

腕足动物化石

4.3 亿年

加里东运动

此次造山运动的产物是加里东山脉。在苏格兰、斯堪的纳维亚半岛以及加拿大（当时这三个地方碰撞在了一起）都有加里东山脉的遗迹。

3 亿年

海西运动

海西运动发生在晚泥盆世以及早二叠世期间，其重要性超越了加里东运动。海西运动造就了欧洲中部以及西部的雏形，产生了大量的铁矿石和煤矿脉。乌拉尔山脉、北美的阿巴拉契亚山脉、一部分安第斯山脉和塔斯马尼亚岛都诞生于此次地质运动。

喜马拉雅山脉的诞生

世界上最高的山是由印度板块与亚欧大陆板块碰撞而成的。印度板块在亚欧板块下方水平运动。板块之间的沉积体使亚欧板块的上半部分断裂为数块，部分碎片堆叠在一起。世界上最高的喜马拉雅山脉因此诞生。珠穆朗玛峰高8 844米。喜马拉雅山脉诞生之时，亚欧大陆上拱，板块增厚一倍，形成了青藏高原。

当今的印度

1 000万年前

2 000万年前

3 000万年前

菊石

物质组成

尼泊尔区域由大量沉积物组成，亚欧板块由岩基以及含铁、锡和钨的外来花岗岩组成。

6 000 万年
阿尔卑斯造山运动

阿尔卑斯造山运动起始于新生代，并延续至今。比利牛斯山脉、阿尔卑斯山脉、高加索山脉，甚至喜马拉雅山脉都属于该造山运动所产生的山脉系统。美国落基山脉和安第斯山脉目前的形状也归功于上述造山运动。

大陆碰撞

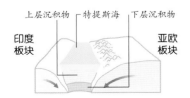

上层沉积物　特提斯海　下层沉积物

印度板块　　　　　　　亚欧板块

6 000 万年前

板块聚拢，特提斯海因此移动，沉积物上升。

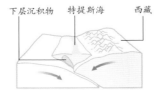

下层沉积物　特提斯海　西藏

4 000 万年前

两板块彼此靠近，形成俯冲带。

下层沉积物　　　　　西藏

2 000 万年前

西藏高原被沉积物沉降的巨大压力拱起。

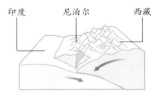

印度　　　尼泊尔　　　西藏

现在的喜马拉雅山脉

板块继续移动，引起地壳褶皱，尼泊尔地区正在缓慢消失。

断层运动

　　断层是地壳受力发生断裂。许多断层，例如贯穿加利福尼亚州的圣安德烈亚斯断层，一眼就能看出来；而有的断层则隐藏在地壳里。断层突然断裂时会产生地震。有的时候，岩浆可能冲破断裂带涌上地面，就形成了火山。

沿断层面的相对运动

　　断层边缘通常不会形成标准的直线或直角。当构造力对地壳施加水平压力时，断裂将一部分地面推至另一部分上方。当断层两侧受到张力（使彼此分离）时，断层的某一侧会在力的作用下沿接触面（断层面）下滑。

566 千米

太平洋板块和北美板块边缘相对滑动的总距离。

正断层

　　正断层是水平张力作用下的产物，其形成过程中主要发生垂直方向的位移。下盘上升，上盘下降。断层面通常与水平方向形成60度的倾角。

2

逆断层

　　逆断层由水平挤压作用形成，断裂导致上盘上升，下盘下降。冲断层（本书28~29页所示）是逆断层的常见形式，长度可达数百千米。

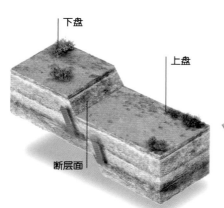

反向运动

　　太平洋板块向西北方向运动，北美板块向东南方向运动，上述反向运动导致了相关区域形成褶皱和地裂。

罗杰溪断层
康科德—格林谷
代阿布洛岭
格林维尔
奥克兰
旧金山
海沃德
卡拉维拉斯
圣格雷戈里奥
太平洋

斜向滑动断层

　　斜向滑动断层形成时，不仅发生水平移动，也产生了垂直移动。因此断层边缘的相对位移可以是倾斜的。导致大洋中脊发生断错的都属于斜向滑动断层。

上升地块

走向滑动断层（平移断层）

　　该断层形成时，板块主要沿地球表面方向（水平方向）移动，与断层走向平行。板块间出现的转换断层通常属于该类型。走向滑动断层往往由一系列小断层组成，各断层由中心线延伸而出，彼此基本平行。

构造运动使河流改道

断层导致的位移与开裂使地表改变甚至会使河流改道。被圣安德烈亚斯断层改变的河流呈现三种形态特点：发生位移的河床；分流河床；与断层方向形成斜角的河床。

1 河流改道

断裂发生后，河流路径发生改变。

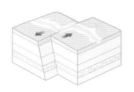

2 错位的河床

断层处的河床看上去像"断裂"过一般。

美国西海岸

加利福尼亚州最远两端直线距离（长度）1 240千米	
断层长度	1 300千米
断层最大宽度	100千米
最大位移（1906年数据）	6米

夏洛特皇后断层

太平洋板块

圣安德烈亚斯断层

断层面

胡安·德富卡板块

圣安德烈亚斯断层

北美板块

东太平洋海岭

140 年

断层上发生主要断裂的平均间隔时间。

过去与未来

大约3 000万年前，加利福尼亚半岛位于当今的墨西哥海岸西侧。从现在开始，再过3 000万年，加利福尼亚半岛很有可能会移动到加拿大海岸附近。

美国西部的圣安德烈亚斯断层导致了1906年的旧金山大地震。大地震后，科学家们将研究重心转移到了该断层上，对其进行了大量研究。简单而言，该断层是形成于太平洋板块和北美板块之间的走向滑动断层，全长1 300千米。如果两大板块能够平缓地交错滑过，就不会发生地震，然而两板块边缘犬牙交错，岩石无法承受不断增加的压力，每隔一段时间就会断裂并引发地震。

地球水循环

海洋、河流、云层和雨水中的水不断循环运动。地表水蒸发，云中的小水滴碰撞结合，形成雨冲向大地。尽管经历诸多变化，世界上的水总量不会变化。水的循环和储存由水文循环（水循环）驱动。循环从水在地表蒸发开始。水蒸气随空气上升，随后温度降低，凝结在颗粒上形成小水滴。水滴聚集成云，变得足够大的时候就会坠向地面，返回地面的形态是雨、雪还是冰雹，则由大气的温度决定。

1 蒸发

海面受阳光照射温度上升，产生水蒸气。潮湿的土壤和植物也会增加空气的湿度。最终水蒸气形成云。

蒸腾作用

出汗是人类调节体温的方式。体温升高刺激汗腺分泌汗液。

10%

生物，尤其是植物所贡献的水分占大气层水分的比例。

水分占人体体重约65%。

2 冷凝

空气中必须有凝结核，水蒸气才能凝结形成云朵。水分子依附在凝结核上形成小水滴。水蒸气放热降温是冷凝发生的必须条件。

水滴的形成

水蒸气中的水分子流动性降低，开始附着在悬浮于空气中的固体颗粒上。

凝结核

气态

阳光照射下，大气中的气体活动性增强。热量和风的双重作用使液态水变为水蒸气。

3 水蒸气通过叶子表面的气孔进入空气中。

2 水分沿植物的茎上升。

1 植物的根吸收水分。

根细胞

水分子自由运动

云朵

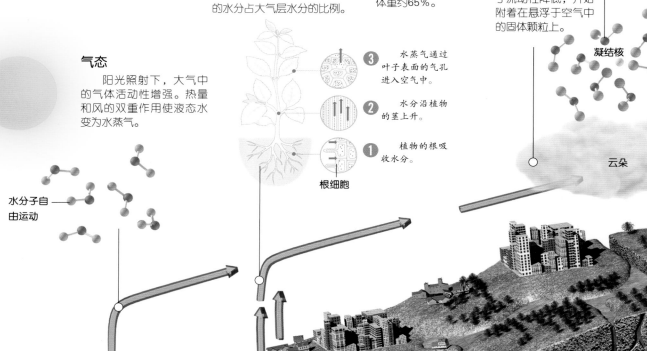

河流

海洋

入海口

6 回到海洋

水再次回到海洋，完成一次循环。一些水一次循环可能会花费数日；而地下水一次循环也许会花费数年。

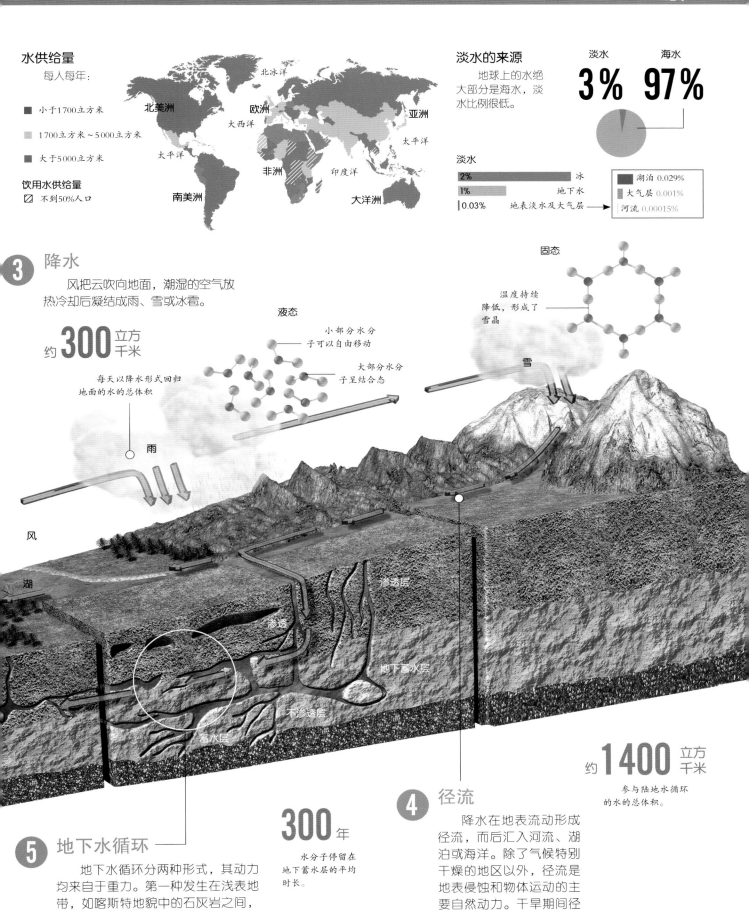

水供给量

每人每年：

- ■ 小于1700立方米
- ■ 1700立方米~5000立方米
- ■ 大于5000立方米

饮用水供给量

- ▨ 不到50%人口

北冰洋

北美洲　欧洲　亚洲

大西洋

太平洋　非洲　太平洋

印度洋

南美洲　大洋洲

淡水的来源

地球上的水绝大部分是海水，淡水比例很低。

淡水 **3%** 海水 **97%**

淡水

2%	冰
1%	地下水
0.03%	地表淡水及大气层

- ■ 湖泊 0.029%
- ■ 大气层 0.001%
- □ 河流 0.00015%

③ 降水

风把云吹向地面，潮湿的空气放热冷却后凝结成雨、雪或冰雹。

约 **300** 立方千米

每天以降水形式回归地面的水的总体积

液态

小部分水分子可以自由移动

大部分水分子呈结合态

固态

温度持续降低，形成了雪晶

雪

雨

风

湖

渗透层

渗透

地下蓄水层

不渗透层

蓄水层

约 **1400** 立方千米

参与陆地水循环的水的总体积。

④ 径流

降水在地表流动形成径流，而后汇入河流、湖泊或海洋。除了气候特别干燥的地区以外，径流是地表侵蚀和物体运动的主要自然动力。干旱期间径流规模会变小。

300 年

水分子停留在地下蓄水层的平均时长。

⑤ 地下水循环

地下水循环分两种形式，其动力均来自于重力。第一种发生在浅表地带，如喀斯特地貌中的石灰岩之间，会出现下行的水流；第二种发生在蓄水层中，岩石的孔隙会被水填满。

洋流

海水运动的形式分为波浪、潮汐和洋流。洋流可分为表层洋流和深层洋流。表层洋流是在风力作用下形成的，规模巨大，宽度可达80千米。洋流将赤道附近温度较高的海水带到更高纬度的海里，对地球气候有着显著影响。深层洋流是在不同位置的海水密度差的作用下形成的。

风的影响

潮汐和科里奥利效应

科里奥利效应影响风向，从而影响洋流。

北半球洋流顺时针方向流动。

南半球洋流逆时针方向流动。

地转平衡

气旋和反气旋系统间的气压梯度力与洋流所受的科里奥利力平衡，这一效应被称为地转平衡。

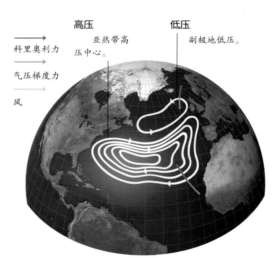

科里奥利力

气压梯度力

风

高压
亚热带高压中心。

低压
副极地低压。

洋流是如何形成的

风力和太阳热能引发表层洋流。

1 在南半球，离岸风吹走表面海水，使温度低的深层海水上涌。

2 深层海水缓慢上升的情况称为上涌。埃克曼螺旋效应对深层海水上涌有抑制作用。

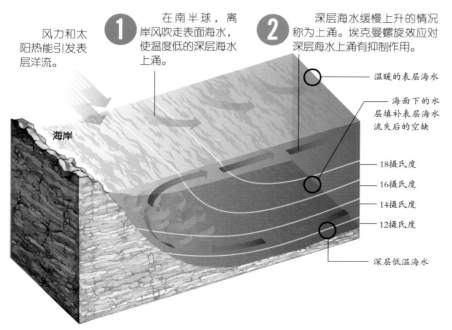

海岸

温暖的表层海水

海面下的水层填补表层海水流失后的空缺

18摄氏度

16摄氏度

14摄氏度

12摄氏度

深层低温海水

埃克曼螺旋效应

解释了表层洋流和深层洋流方向为何相反的原因。

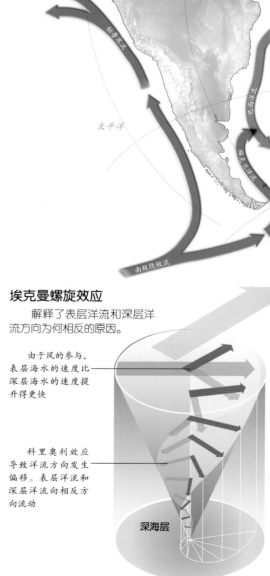

由于风的参与，表层海水的速度比深层海水的速度提升得更快

科里奥利效应导致洋流方向发生偏移。表层洋流和深层洋流向相反方向流动

深海层

北太平洋洋流

太平洋

加利福尼亚寒流

墨西哥湾暖流

大西洋

北赤道逆流

赤道逆流

北赤道逆流

赤道逆流

南赤道逆流

秘鲁寒流

太平洋

南极绕极流

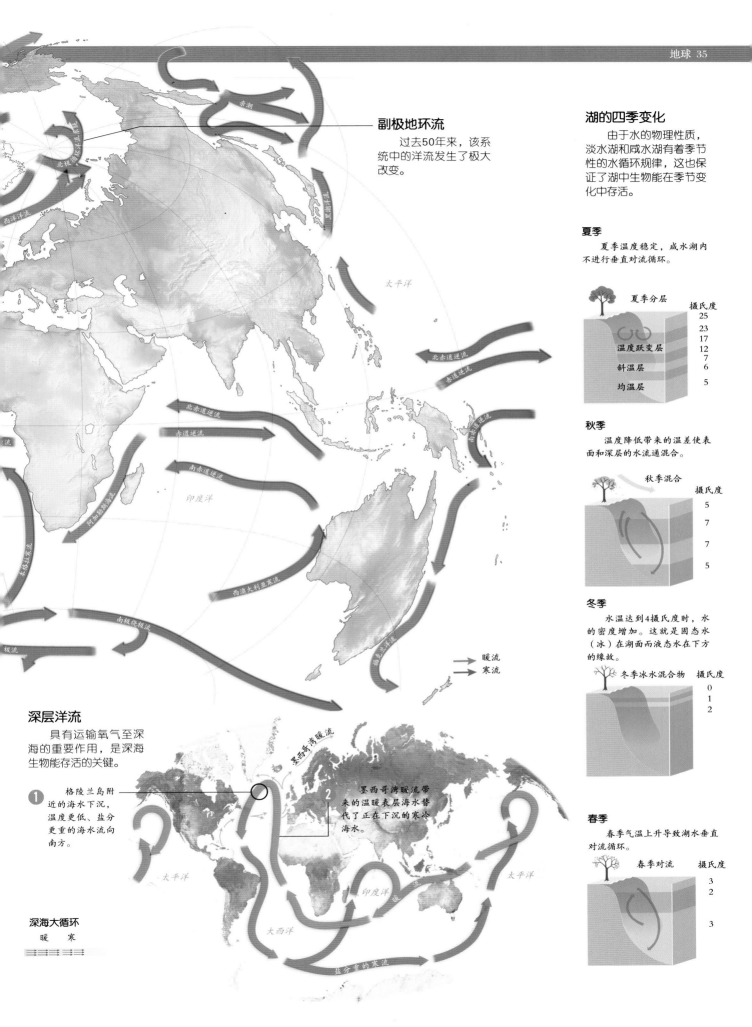

副极地环流

过去50年来，该系统中的洋流发生了极大改变。

素潮

北极涛环洋环

太平洋

北赤道逆流

赤道逆流

北赤道逆流

赤道逆流

南赤道逆流

印度洋

南赤道逆流

西澳大利亚寒流

南极绕极流

极流

暖流
寒流

深层洋流

具有运输氧气至深海的重要作用，是深海生物能存活的关键。

① 格陵兰岛附近的海水下沉，温度更低、盐分更重的海水流向南方。

墨西哥湾暖流

墨西哥湾暖流带来的温暖表层海水替代了正在下沉的寒冷海水。

太平洋

太平洋

印度洋

大西洋

盐分重的寒流

深海大循环

暖　寒

湖的四季变化

由于水的物理性质，淡水湖和咸水湖有着季节性的水循环规律，这也保证了湖中生物能在季节变化中存活。

夏季

夏季温度稳定，咸水湖内不进行垂直对流循环。

夏季分层　摄氏度
25
23
温度跃变层　17　12
斜温层　7　6
均温层　5

秋季

温度降低带来的温差使表面和深层的水流通混合。

秋季混合　摄氏度
5
7
7
5

冬季

水温达到4摄氏度时，水的密度增加。这就是固态水（冰）在湖面而液态水在下方的缘故。

冬季冰水混合物　摄氏度
0
1
2

春季

春季气温上升导致湖水垂直对流循环。

春季对流　摄氏度
3
2
3

水流喷口（间歇泉）

间歇泉是间歇性的地下水喷射，可以射至数十米的高度。火山活动使困在地下岩层中的地下水不断加热到一定程度，就会冲破地表，形成强有力的喷发，形成间歇泉。间歇泉喷发间隔短至数分钟，长至数周。间歇泉奇观大都集中在美国黄石国家公园和新西兰北部。

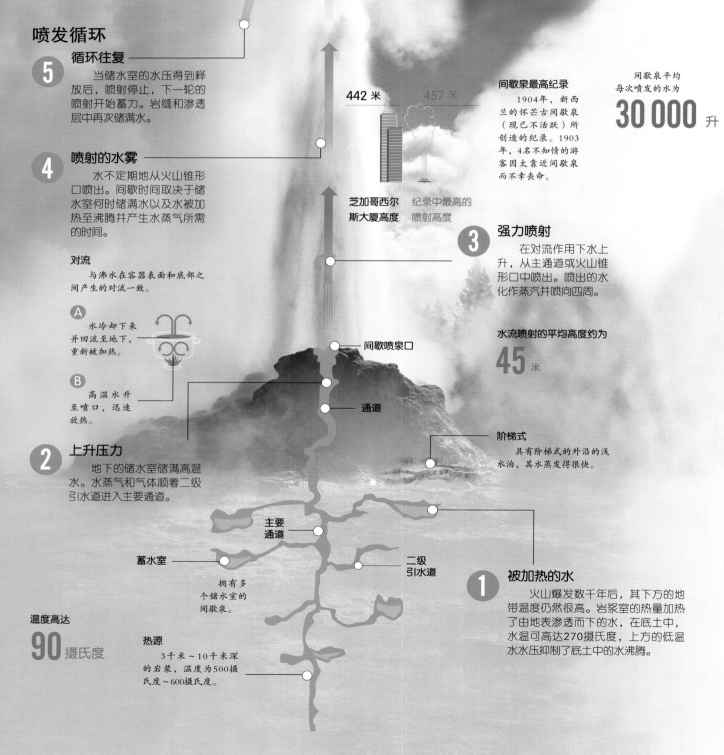

喷发循环

5 循环往复

当储水室的水压得到释放后，喷射停止，下一轮的喷射开始蓄力。岩缝和渗透层中再次储满水。

4 喷射的水雾

水不定期地从火山锥形口喷出。间歇时间取决于储水室何时储满水以及水被加热至沸腾并产生水蒸气所需的时间。

对流

与沸水在容器表面和底部之间产生的对流一致。

Ⓐ 水冷却下来并回流至地下，重新被加热。

Ⓑ 高温水升至喷口，迅速放热。

2 上升压力

地下的储水室储满高温水。水蒸气和气体顺着二级引水道进入主要通道。

温度高达 90 摄氏度

热源

3千米～10千米深的岩浆，温度为500摄氏度～600摄氏度。

442 米　　457 米

芝加哥西尔斯大厦高度　**纪录中最高的喷射高度**

间歇泉最高纪录

1904年，新西兰的怀芒古间歇泉（现已不活跃）所创造的纪录。1903年，4名不知情的游客因太靠近间歇泉而不幸丧命。

间歇泉平均每次喷发的水为 **30 000** 升

3 强力喷射

在对流作用下水上升，从主通道或火山锥形口中喷出。喷出的水化作蒸汽并喷向四周。

水流喷射的平均高度约为 **45** 米

间歇喷泉口

通道

阶梯式

具有阶梯式的外沿的浅水泊，其水蒸发得很快。

主要通道

蓄水室

拥有多个储水室的间歇泉。

二级引水道

1 被加热的水

火山爆发数千年后，其下方的地带温度仍然很高。岩浆室的热量加热了由地表渗透而下的水，在底土中，水温可高达270摄氏度，上方的低温水水压抑制了底土中的水沸腾。

主要地热场

世界上约有1 000处间歇泉，其中一半都在美国黄石国家公园。

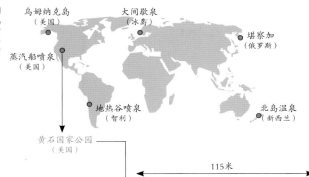

乌姆纳克岛（美国）
大间歇泉（冰岛）
堪察加（俄罗斯）
蒸汽船喷泉（美国）
地热谷喷泉（智利）
北岛温泉（新西兰）
黄石国家公园（美国）

矿物质温泉

泉水含有多种矿物质。人类古代就了解到矿物质的疗效。泉水中含有钠、钾、钙、镁、氧化硅、氯、硫酸盐和碳酸盐，对风湿性疾病有一定疗效。

水蒸气

在冰岛，地热蒸汽不仅被用于蒸汽浴，还用于涡轮机发电，为居民提供电能。

大棱镜彩泉

黄石国家公园的大棱镜彩泉是美国第一、世界第三大温泉。宽75米～115米，每分钟涌出约2 000升水。大棱镜彩泉颜色独特，呈现红、黄、绿三种颜色。

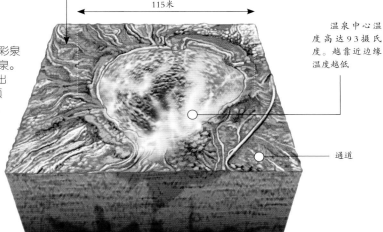

115米

温泉中心温度高达93摄氏度。越靠近边缘温度越低。

通道

每分钟涌出约

2 000 升水

其他火山活动

火山喷气孔

由于岩浆温度高达100摄氏度，所以这里一直都会散发水蒸气。

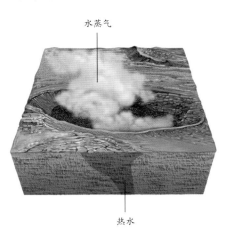

水蒸气

热水

硫质喷气孔

导热层向外散发含硫气体。

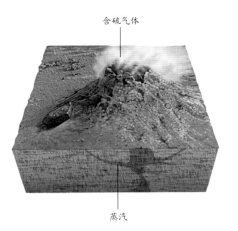

含硫气体

蒸汽

泥盆

泥盆的泥是由硫酸腐蚀其表面岩石产生的。这是一个盛满泥的中空结构。

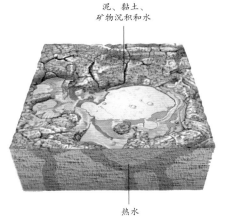

泥、黏土、矿物沉积和水

热水

储水室形态

 大间歇泉（冰岛）
 格兰德泉（美国黄石国家公园）
 老实泉（美国黄石国家公园）
 圆形间歇泉（美国黄石国家公园）
 大间歇泉（美国黄石国家公园）
 那喀索斯间歇泉（美国黄石国家公园）

能量来源

生命离不开能量。我们从能量中获取光和热。有了能量，经济才能发展。我们使用的绝大部分能量来自化石燃料，例如石油、煤和天然气。这些资源历经数百万年才最终形成，终有一天会被消耗殆尽。因此，越来越多的国家开始研究能够利用太阳能、风能、水能甚至是地热能的技术。

不可再生资源

不可再生资源指储量有限，耗尽后无法及时补充的资源。世界能源消耗的85%都来自不可再生资源，这样的资源造就了当今的不稳定的能源经济。不可再生资源可划分为两大类：化石燃料类（煤、石油、天然气）以及核能——利用放射性材料——铀在核电厂控制下发生核反应产生的能量。

天然核反应堆

地球每年吸收的太阳能，是地球所有化石燃料所能供应的能量的20倍，是目前人类正使用的太阳能的1万倍。

全球主要能量来源

来自2013年的统计数据。

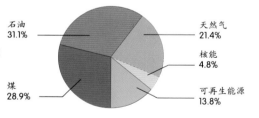

石油 31.1%
天然气 21.4%
核能 4.8%
可再生能源 13.8%
煤 28.9%

A 化石能源

化石燃料（煤、石油和天然气）由数百万年前沉积在河口和沼泽底部的植物和动物尸骸所形成的。化石燃料是工业社会的主要能源。发动机排放到大气层的尾气是酸雨和温室效应的主要元凶。

B 核能

获取电能的方式之一就是受控核反应。由于核反应废料的致命性，核发电技术一直饱受争议。

公元 2300 年后，

世界上的煤矿资源将耗尽。

煤

煤推动了发达国家的工业革命，目前仍提供了1/4的商用能耗。煤易获取和使用，但也是所有能源中最污染环境的。

公元 2150 年后，

世界上的天然气资源将耗尽。

天然气

有机物分解形成天然气。天然气矿藏有单独存在的，也有和原油储藏在同一层位的。运输天然气的方式之一是通过管道运输。

可再生资源

可再生资源指能随时补充，不会被耗尽的资源。只要善于利用，可再生资源是无穷无尽的，因为可再生资源可以恢复并再生。太阳能、风能、水能都是可再生资源。在合理的开发利用方式下，生物能和地热能也可被视作可再生资源。

C 水电能源

由下坠的水流带动涡轮机或水轮机发电。其主要缺点是建设水库、运河和水坝会影响水力发电厂所在地区的生态系统。

D 太阳能

太阳为地球提供了大量能量。人类既可以利用热能，也可以将其转换为电能。

E 风能

追根溯源，风能来自于太阳。日照使地球不同地区温度与气压不同，因此产生了气流。风能具有相对安全和环保的特点，是最具开发前景的可再生资源。

F 地热能

来自地壳和地幔的热量。地热能本身是持续不断的，但是地热电站必须建在有地下热水资源的地方。

G 氢能

目前生产氢气使用的新技术成本高昂。但与大多数燃料不同的是，氢气不会造成污染。

H 可再生化学能源——沼气

利用生物资源，例如木材、农业废物和粪便生产燃料。在发展中国家和地区，沼气是主要的能量来源。沼气池生成的甲烷气可用于烹饪或发电。

I 潮汐能

是电的新型来源。它利用海水涨潮和退潮产生的能量发电。

J 生物燃料能源

最常见的生物燃料是乙醇和生物柴油，它们是以常见农产品，例如含油种子、甘蔗或谷物为原料生产的。人们希望，在未来生物燃料能部分或完全取代汽油或柴油。

21%

欧洲在2010年使用的"绿色"电能占总用电量的比率。

公元 2050 年后，

世界上的石油资源将耗尽。

石油

石油是现代社会最重要的能源。如果石油突然耗尽，将对世界造成灾难性影响：飞机、汽车、轮船、火力发电厂，以及许多其他设备都将无法使用。

不断变化的地球表面

地壳的外表是两大破坏性力量——风化及侵蚀的共同作品。在风化和侵蚀的共同作用下，岩石合并、碎裂，又再次合并。生物，尤其是植物的根和喜好挖掘的动物，也与地质活动一同改变着地壳的外表。一旦组成岩石的矿物结构瓦解，矿物质随之流失，任由风雨侵蚀。

侵蚀

外界物质，例如水、风、空气以及生物，单独或共同改变岩石表面，并带走松散的颗粒物。上述过程被称为侵蚀。在干燥的地区，风中的沙粒冲击、打磨暴露在空气中的岩石表面；在海岸沿线，则是由潮汐慢慢冲蚀岩石表面。

风蚀过程

风中的颗粒物冲击岩石表面，岩石表面脱落并产生新的颗粒物。这些颗粒物可分为黄土或沙粒。

水蚀过程

流动的水不断冲刷岩石表面，带走松散的颗粒。流水冲刷走的颗粒大小取决于水流的流量和速度。水流越快、水量越大，能带走的颗粒物就越大。

风

河流

风化

机械作用能够瓦解岩石，化学反应能够分解岩石。高温、低温、风、酸雨和植物的根的生长都是岩石瓦解或分解的原因。岩石风化的过程尽管缓慢，却无法阻挡。

化学反应

岩石的矿物组成发生了变化，部分生成新的矿物质，其余的溶解在水中。

水流

洞穴

石灰岩

机械作用

有多种力量能使岩石被打碎成更小的碎片，这些力量有的直接作用于岩石上，有的使岩石碎块发生位移，移动中碎块与岩石表面相互作用而碎裂。

温度

若在几小时内，气温发生较大改变，岩石将急速热胀又急速冷缩。这样的现象如果每天发生，就会导致岩石碎裂。

移动和沉积

被风或水侵蚀后的岩石颗粒或碎片被移动到更低的地方，成为沉积物。这些沉积物有可能再次转化为岩石。

水

水或者冰钻进岩石缝隙中，撑大岩石缝隙并最终导致岩石破碎。

岩浆活动

当地幔或地壳温度达到矿物的熔点时，岩浆就产生了。因为岩浆的密度比其周围的固体矿物低，因此岩浆会上浮，并在上浮过程中冷却、结晶。如果这个过程发生在地壳内部，就会生成深成岩，例如花岗岩。如果这一过程发生在地壳外，就会生成火山岩或渗透岩，例如玄武岩。

变质作用

环境压力增大、温度升高会让岩石变得具有可塑性，所含矿物质也变得不稳定。该环境下的岩石会与四周物质发生化学反应，生成不同的化合物甚至变为另一种岩石。新生成的岩石称为变质岩。变质岩的代表有大理石、石英岩和片麻岩。

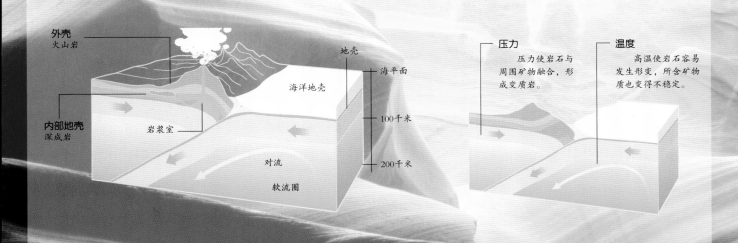

外壳
火山岩

地壳

海平面

海洋地壳

内部地壳
深成岩

岩浆室

100千米

200千米

对流

软流圈

压力
压力使岩石与周围矿物融合，形成变质岩。

温度
高温使岩石容易发生形变，所含矿物质也变得不稳定。

褶皱

形成地壳的物质是固体的，并且具有可塑性。地壳运动挤压岩层，形成了褶皱。褶皱导致部分地面上升，部分地面下降。山脉正是大规模地壳运动的产物。海沟区地壳运动形成褶皱最为典型。

褶皱

岩石必须具有可塑性，并受到外力挤压才能形成褶皱。

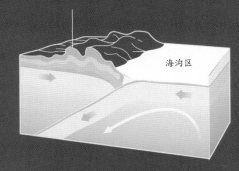

海沟区

断裂

作用在岩石上的力量急速变强，超过岩石形变的极限，岩石便会断裂。岩石所形成的断裂分为两种：一种是节理，一种是断层。节理是裂纹或裂缝；断层则是指沿断裂面两侧岩块发生位移。发生在极短时间内的断裂就会导致地震。

断裂

岩层急速断裂就会导致地震。

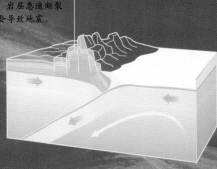

如果石头会说话

岩层是由沉积物随时间变化，一层一层堆积而成的。有时埋在沉积物中的有机体会成为化石，这些化石提供了当时地球环境以及史前生命的关键信息。岩层的地质年龄以及所经历的变化，可以通过对各层的分析来推断。

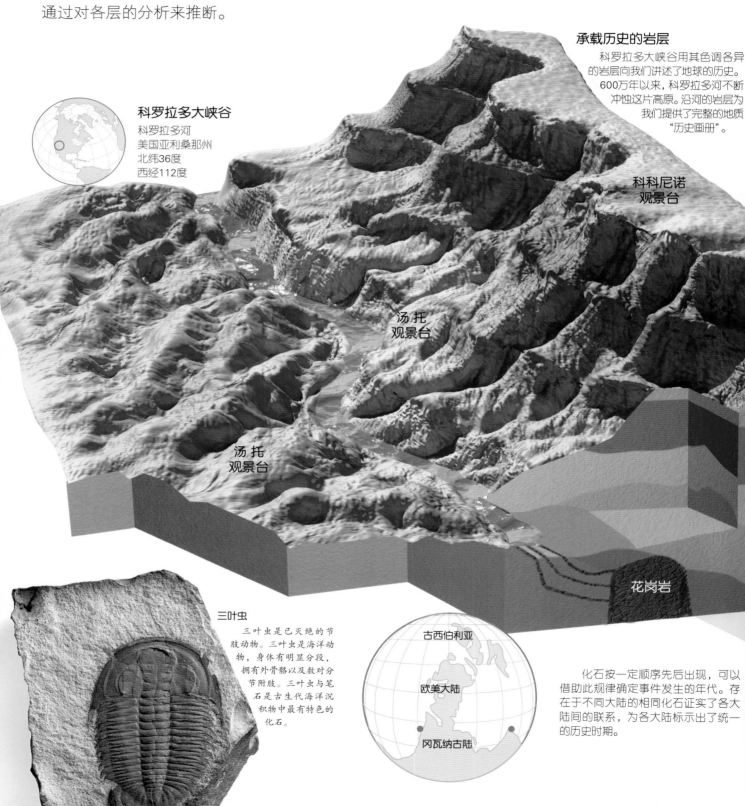

承载历史的岩层

科罗拉多大峡谷用其色调各异的岩层向我们讲述了地球的历史。600万年以来，科罗拉多河不断冲蚀这片高原。沿河的岩层为我们提供了完整的地质"历史画册"。

科罗拉多大峡谷

科罗拉多河
美国亚利桑那州
北纬36度
西经112度

科科尼诺
观景台

汤托
观景台

汤托
观景台

花岗岩

三叶虫

三叶虫是已灭绝的节肢动物。三叶虫是海洋动物，身体有明显分段，拥有外骨骼以及数对分节附肢。三叶虫与笔石是古生代海洋沉积物中最有特色的化石。

古西伯利亚

欧美大陆

冈瓦纳古陆

化石按一定顺序先后出现，可以借助此规律确定事件发生的年代。存在于不同大陆的相同化石证实了各大陆间的联系，为各大陆标示出了统一的历史时期。

化石的年龄

化石是生活在过去的生物的遗骸。当今的科学家采用碳–14年代测定法来测定化石的年龄。碳–14年代测定法能够较为准确地测定年龄范围在6万年以内的化石年龄。如果化石的年龄大于6万年，科学家们还有其他的方法可以测定。在特定的区域内，科学家能够借助岩层的年代，判断化石的大概年龄。

1 动物死亡后的尸体有可能被河流淹没，因此与氧气隔绝，尸体开始腐烂。

2 骸骨完全被沉积物掩埋。随着时间推移，骸骨不断被新一层的沉积物覆盖。

3 在河流干涸之前化石就已经形成并结晶。地壳运动抬高化石所在地层，化石因此暴露在地球表面。

4 侵蚀作用使化石显露出来。科学家们用碳–14年代测定法确定化石的年龄。

形成化石的过程中，矿物——取代了生物原来的组织。

岩层与年代

岩层对于时间测量至关重要，它们不仅保留了地质历史，还保留了过去的生命形式、气候等其他信息。岩层分层的依据是其上下两个表面与各自相接的岩层具有连续性。如果岩层出现折叠、弯曲等形变，一定是由地质运动导致的，这样的断裂被称为不整合面。岩层间出现不整合面的情况，说明对应的年代有间隔，靠下的岩层被侵蚀过。

时代
二叠纪
科科尼诺砂岩
隐士页岩
石炭纪
穆瓦夫灰岩
光明天使页岩
泥盆纪
寒武纪
前寒武纪

苏佩台地
似整合面
红墙石灰岩
140米
不整合面
汤托台地
310米
角度不整合
不整合面
昂卡台地
科罗拉多河
毗湿奴片岩

岩石的变质

岩石在某些条件（高压、高温或在有化学物质的液体中）下，其矿物组成以及结构就可能发生巨大变化。这一缓慢的过程称为"变质"，顾名思义，是岩石发生变化，形成了新的岩石的过程。这一现象既能发生在地壳中，也能发生在地表之上。引起岩石变质的能量决定了变质的类型。这些能量可以是热能，也可以是压力。

苏格兰，英国

北纬57度
西经4度

苏格兰的地形形成于4亿年前的苏格兰造山运动。图片中的片麻岩是造山运动产生的压力的产物。

动力变质

最少见的变质类型。地壳发生大规模运动时挤压岩石，此时就会发生动力变质。大量的岩石相互挤压，形成了碎裂岩和糜棱岩。

板岩

在高温和压力作用下，板岩将变成千枚岩。

片岩

300 摄氏度

板岩

板岩属于低级变质岩，在约300摄氏度的温度下受压形成。该过程使岩石质地更紧密结实。

500 摄氏度

片岩

片岩是在超过10千米深的地下和适中的温度下产生的片状岩石。其中的矿物经历了重新结晶的过程。

650 摄氏度

片麻岩

20千米深的地下发生的高级变质产物。受极为强大的构造力挤压，环境温度接近岩石熔点。

800 摄氏度

熔化

该温度下大部分岩石开始熔化至液态。

区域变质

随着山脉的形成，大量的岩石产生了变形或变化。浅处的岩石下沉到更深的位置，被高温和高压改变。诸如此类的变质范围可达数千平方千米。岩石根据温度和压力的区别分为不同种类。板岩就是区域变质下的产物。

接触变质

岩浆传导热量，因此岩浆流至岩石上时会加热岩石。受岩浆影响的区域被称为接触变质带。接触变质带的大小取决于其与岩浆接触的方式以及岩浆的温度。接触变质带的岩石上的矿物变为其他矿物，岩石也因此变质。

砂岩
片岩
石灰石
岩浆

石英岩
角页岩
大理石
岩浆

中间层
底层

压力

随着岩石所受压力增大，其矿物结构重组，岩石变小。

温度

岩石靠热源越近，所受温度越高，所发生的变质程度越高。

岩石的前身——矿物

我们所居住的星球可以看作是一块大石头，更确切地说，是由许多种岩石组成的星球。这些岩石又是由一种或多种材料组成的，这些材料就是矿物。矿物是不同的化学元素反应生成的，每一种矿物都只在特定的压力和温度下保持稳定。

结构

硅酸盐的基本单位由4个氧离子组成，位于四面体的顶点，中心有一个硅离子。该四面体可以通过共享氧离子形成简单的链式结构、层状结构或复杂的三维立体结构。这些不同的结构决定了相应的硅酸盐类型。比如说，云母的结构是层状的，解理（矿物受力后沿一定方向破裂）后变成片状物，而石英解理后则会形成裂缝。

简单结构

所有硅酸盐最基本的结构都是硅氧四面体。如果硅氧四面体彼此之间不共享氧离子，这种结构称为简单结构。

层状结构

当硅氧四面体与邻近的硅氧四面体共享三个氧离子时，就形成了层状结构。因为此类结构中，硅离子和氧离子形成的化学键最强，因此解理会顺着其他较弱的键的方向发生，与层面平行。此类结构最常见的例子是云母和黏土。黏土可以和水分子结合，改变体积大小。

三维结构

地壳的四分之三是由结构复杂的硅酸盐组成的。硅胶、长石、似长石、方柱石和沸石都具有三维结构。它们主要的特征是组成这些石头的硅酸盐共享所有的氧离子，因而组成了三维网状结构。石英就由二氧化硅组成。

百内国家公园
智利巴塔哥尼亚
南纬52度20分
西经71度55分

组成	花岗岩
最高峰	3 050米
面积	242公顷

智利国家公园——百内国家公园位于安第斯山脉和巴塔哥尼亚高原之间

从矿物到岩石

从化学的角度来看，矿物是一种单纯的物质，而岩石则是由不同的矿物组成的。

石英
由二氧化硅组成，石英使岩石呈现白色。

云母
由薄且富有光泽的二氧化硅、铝、钾和其他矿物质组成。云母可以是黑色或者无色的。

花岗岩
由长石、石英和云母组成的岩石。

长石
长石是浅色的硅酸盐，大部分地壳由长石组成。

1200 万年前
岩基在旺盛的火山活动期间形成，托雷德裴恩山脉也随之诞生。

状态变化

温度和压力在岩石变化中起重要作用。地球内部产生的液态岩浆在到达地球表面后凝固为固体。这个过程类似于气温降至零摄氏度时，水会结冰。

如何识别矿物

　　想要一眼就能辨别丰富多样的矿物，必须了解矿物的物理属性。第一点就是硬度。如果一种矿物能划破另一种矿物的表面，说明前一种矿物更坚硬。矿物的硬度从1到10分为10级，这一等级体系是由德国矿物学家腓特烈·摩斯提出的。另一属性是韧性，或者说内聚力，指矿物抵抗破裂、变形及破碎的能力。还有一个常见的属性是磁性，即矿物是否会被磁铁吸引。

剥落和裂缝

　　当矿物沿着其晶体结构中的脆弱面断裂时，就会分裂出与矿物表面平行的薄片。这一现象称为剥落。如果矿物破裂时未发生剥落现象，则会产生不规则的裂痕。

剥落后的形状分类

立方体

八面体

十二面体

菱形六面体

棱柱

沿轴面片状
（底面）

电气石
是一种硅酸盐矿物。

颜色
有的电气石晶体闪耀着两种甚至多种颜色。

裂缝
可能是不规则的、贝壳状的、锯齿状的或是像刚开裂的泥土一样。

不规则裂缝
锯齿状不平整的矿物表面。

莫氏硬度

　　以下10种矿物按由软到硬的顺序排列，前一种均能被后面的划破。

1 **滑石**
是最软的矿物。

2 **石膏**
可以用指甲划破。

3 **方解石**
与铜硬度相同。

4 **萤石**
可以用刀划破。

5 **磷灰石**
可以用玻璃划破。

发电

某些晶体具有压电效应或热电效应。例如石英，在温度或者力的作用下，石英的两端会产生电位差，从而使其产生电流。

压电效应

压力或张力使晶体中的负电荷和正电荷重新分布，从而让晶体产生电流的现象。石英、电气石具有这种属性。

压力

正电荷

负电荷

热电效应

当晶体温度变化时，正、负电荷重新分布，两端产生电流的现象。

正电荷

热量

负电荷

密度

密度反映了矿物的结构以及化学成分。金矿和铂金矿都是密度非常大的矿物。

根据莫氏硬度，电气石的硬度为：

7~7.5

6 正长石
可以用钻头划破。

7 石英
可以用回火钢划破。

8 黄玉
可以用钢锉刀划破。

9 刚玉
只有钻石可以划破。

10 钻石
是最坚硬的矿物。

珍贵晶体

人们所公认的宝石，具有形态瑰丽、色泽纯净、透明度高以及稀有等特点。钻石、祖母绿宝石、红宝石和蓝宝石等宝石就体现了上述特点。此外，还有很多普通的宝石由不太值钱的矿物质组成。如今，钻石因其耀眼的光芒、纯净的色泽以及无可匹敌的硬度成为了最值钱的宝石。其被人类发现已有数百万年，不过人们从14世纪才开始对这种矿物进行切割加工。大多数钻石矿藏都位于南非、纳米比亚和澳大利亚等地。

钻石

钻石是碳元素组成的多面结晶体。其夺目的光泽源于其高折射率以及光线在其内部的色散。钻石是最坚硬的矿物，深藏于地底深处。

1 开采

火山爆发将钻石从地底深处带出。钻石正是从火山爆发形成的庆伯利岩管道中开采而出的。

庆伯利岩矿

废料　岩浆

（千米）

岩体口

0 —

0.5 —

冷却的岩浆

1.0 — 主道

1.5 —

捕房岩

2.0 — 矿底

2.5 —

地压带

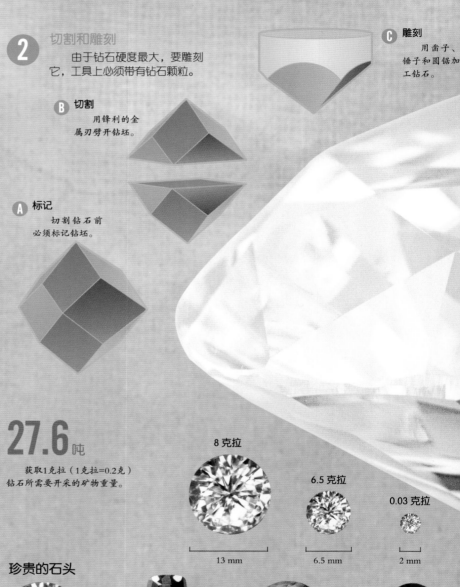

2 切割和雕刻

由于钻石硬度最大，要雕刻它，工具上必须带有钻石颗粒。

C 雕刻

用凿子、锤子和圆锯加工钻石。

B 切割

用锋利的金属刃劈开钻坯。

A 标记

切割钻石前必须标记钻坯。

27.6 吨

获取1克拉（1克拉=0.2克）钻石所需要开采的矿物重量。

8 克拉

6.5 克拉

0.03 克拉

13 mm　　6.5 mm　　2 mm

珍贵的石头

宝石

宝石是经过切割和抛光的矿物、岩石或石化物质，用以制作珠宝。宝石的切割方式以及可以被切分的数量是由矿物品种以及晶体结构决定的。

钻石

纯净的钻石无色透明。若含有一些化学杂质，钻石则会呈现不同颜色。

祖母绿

祖母绿特有的绿色来自其所含的铬元素。

蛋白石

蛋白石属于非晶质二氧化硅，可呈现多种颜色。

红宝石

红宝石的红色来自其所含的铬元素。

③ 抛光

加工宝石表面的工序。

13.53
1.9
43.3
34.3°
40.9°
100
55.1

冠部
腰围
亭部

理想的钻石结构

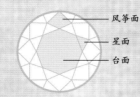

风筝面
星面
台面

亮度

根据一定角度和比例切割的钻石各面，使钻石内部如镜子一样反射光芒。

火彩

切好的钻石反射的彩光。每道光线在钻石中都被色散成彩虹的颜色。

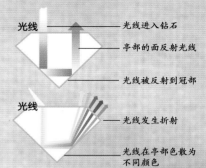

光线 —— 光线进入钻石
—— 亭部的面反射光线
—— 光线被反射到冠部

光线 —— 光线发生折射
—— 光线在亭部色散为不同颜色

3106.75 克拉

发现于南非的世界上最大的钻石"库利南"的重量。

钻石的化学组成

钻石是由紧密结合的碳原子组成的立方晶体结构。杂质或结构缺陷都有可能导致钻石呈现某种色彩，比如黄色、粉色、绿色以及泛蓝光的白色。

 圆形
 方柱形
 方形
 三角形

梨形
心形
椭圆形
橄榄形

常见切工

通过精心设计各个切面，在增加钻石亮度的前提下，钻石可以被切割为许多形状。

半宝石

蓝宝石

蓝宝石是蓝色、浅蓝色及无色的刚玉。蓝宝石还可以呈黄色。

黄玉

由硅、铝和氟组成的色彩丰富的宝石。

紫晶

紫晶是一种石英，颜色来自于其所含的锰元素和铁元素。

石榴石

含有铁、铝、镁和钒的晶体。

绿松石

颜色来自其中所含的磷酸铝和含铜物质。

如何识别岩石

岩石可以根据形成的方式分为火成岩、变质岩和沉积岩。岩石的特征取决于构成它们的矿物。人们可以通过颜色、质地和结晶结构来了解岩石的成因。

岩石的形状

岩石呈现在我们面前的形状，很大程度取决于它对外力的抵抗能力。岩浆冷却的过程以及之后被侵蚀的情况也会影响岩石的形状。尽管存在着许多因素的影响，我们还是可以通过岩石的形状大概推敲出其形成的过程。

年龄

地质学研究中，准确判定岩石的年龄十分重要。

有尖角的石头

磨损较轻的石头通常呈现这种形状。

圆形的

侵蚀和移动会让岩石磨损，让岩石具有光滑的外形。

矿物成分

岩石由两种及两种以上矿物天然组合而成，岩石的性质会随着矿物成分的不同而有区别。例如，花岗岩含有石英、长石和云母，如果缺少任何一种，所形成的便是不一样的岩石。

颜色

岩石的颜色来自于组成岩石的矿物的颜色。部分岩石的颜色由纯度决定，而其余岩石的颜色则由所含杂质决定。例如，含杂质的大理石会呈现不同的色彩。

白色
纯方解石或白云石组成的大理石通常是白色的。

黑色
不同的杂质使大理石呈现不同的颜色。

——— 1厘米 ———

裂痕

岩石破损时，表面会出现裂痕。如果岩石断裂形成的断面是平整的，这种情况称为剥落。岩石内部矿物结构发生改变的位置比较容易断裂。

白色大理石

杂质

白色大理石

伟晶岩

白色大理石

质地

质地指的是形成岩石的颗粒大小以及排列方式。颗粒分为粗颗粒、细颗粒以及肉眼无法辨识的极细颗粒。有的岩石，例如砾岩，其颗粒是由其他岩石的碎片形成的。如果这些颗粒的表面圆滑，压实的程度就会较低，形成的岩石就会有较多孔隙。主要由沉积物组成的沉积岩颗粒则较细。

颗粒

颗粒指的是岩石的组成单位，无论组成物是晶体还是其他岩石的碎片。组成岩石的颗粒既可以是粗颗粒，也可以是细颗粒。

——— 1厘米 ———

晶体

熔化的岩石冷却时，所含的化学成分重组，其中部分矿物就形成了晶体。

有机岩石

有机岩石由生物遗体经数百万年的分解和压实形成。在分解和压实的过程中，所在深度越深、温度越高，岩石的热量和热转化程度就越高。这一过程被称为碳化。

煤的形成

2.85亿年前，在海洋或大陆盆地中堆积的植物物质，例如树叶、树干、树皮以及孢子等，被水淹没，阻断了它们和空气中氧气的接触，这些物质在厌氧菌的作用下，慢慢地积累了越来越多的碳元素。

从植物变为煤的过程

1 植物
植物被泥炭沼中的贫氧水淹没，有效地阻止了植物遗体的氧化。

2 泥炭
植物遗体在泥炭沼的酸性水中部分腐败和碳化，变成了煤。

含有 **60%** 的碳

3 褐煤
由泥炭压缩形成的棕色片状物质。其中仍残留有部分植物结构。

含有 **70%** 的碳

4 煤炭
矿物含量低于40%，外表有暗淡的光泽，类似于木炭，与之接触的物体表面会被弄脏。

含有 **80%** 的碳

5 无烟煤
具有最高碳含量的煤。其高热值主要来自于高碳含量以及低挥发性物质含量。它比普通的煤更坚硬、质地更细密。

含有 **95%** 的碳

1

2

3

4

5

无烟煤

有的无烟煤的表面会呈现植物化石的纹理

地下位置

死亡后会
转变为泥
炭的植物

地壳运动，使富含
有机物遗体的地层所受
压力变大，在3亿年的漫
长过程中，将上述遗体
变为煤。

泥炭被压
缩、转化

深度
300 米

温度
25 摄氏度

富含腐殖
酸的煤

深度
300 米 ~ 1500 米

温度
40 摄氏度

可同时获取
天然气、煤
以及石油

深度
1500 米 ~ 6000 米

温度
175 摄氏度

变质作用
释放出天然气
和石油

深度
60 000 米 ~ 76 000 米

温度
300 摄氏度

图例

被施加
的压力

世界煤炭储量
单位：10亿吨

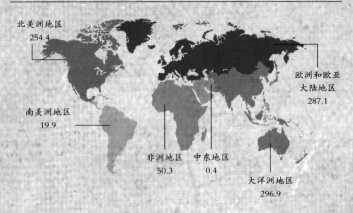

北美洲地区
254.4

欧洲和欧亚
大陆地区
287.1

南美洲地区
19.9

非洲地区
50.3

中东地区
0.4

大洋洲地区
296.9

世界石油储量
单位：10亿桶

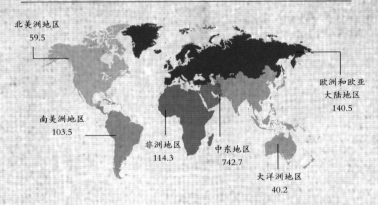

北美洲地区
59.5

欧洲和欧亚
大陆地区
140.5

南美洲地区
103.5

非洲地区
114.3

中东地区
742.7

大洋洲地区
40.2

29%

煤炭占世界上消耗的
初级能源的比例

石油的形成

地表下约2
千米的厌氧环境
中，有机沉积物
变成原油。

石油圈闭（油气的聚集地）

冠岩　　储存的石油

背斜圈闭

断层圈闭

地层圈闭

穹窿圈闭

图例

天然气
石油
水

火山喷发

岩浆可以顺裂缝缓缓流出，温和地喷发；也可以被喷射至空中，形成猛烈的爆发。

第二章

火山与
地震

　　岩石圈——地球最外层的刚性壳体——分为许多板块，各板块一直处于运动中。火山喷发和地震释放了巨大的能量，具有极强的破坏性。当然，并不是所有的板块运动都如此剧烈。

地球的火焰炉

　　火山是地球内部活动最生动的示例之一。通过火山爆发来到地表的岩浆会给周围地区带来各种灾难：爆炸、铺天盖地的熔岩、从天而降的火焰和灰烬、洪水和泥石流。从远古时期，人类就惧怕火山，甚至认为火山口是地狱的入口。每座火山都有生命周期，在丧失活动能力前，火山活动可以改变周围的地貌和气候。

火山的"生"与"死"：破火山口的形成

1 火山爆发，喷射出大量熔岩、气体和岩石。

2 岩浆形成多条通道并让火山内部成中空状态。

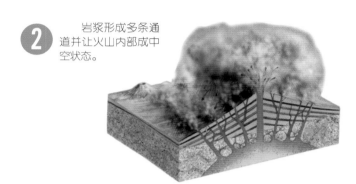

3 锥形山体解体，沉入火山内部。

火山也可能反复喷发

4 火山口所在的位置形成了一片洼地，被称为破火山口。破火山口有时会被雨水填满，形成湖泊。

火山之下

　　岩浆上升到地面的过程中，可能被困在不同层级的岩石圈层中。

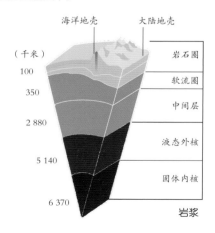

海洋地壳　　大陆地壳

（千米）

100	岩石圈
	软流圈
350	
	中间层
2 880	
	液态外核
5 140	
	固体内核
6 370	

岩浆

岩浆的入侵

被堵塞的死火山　　岩床　　岩墙　　活火山

填充到岩层间的岩浆形成的层。

垂直的岩浆通道。

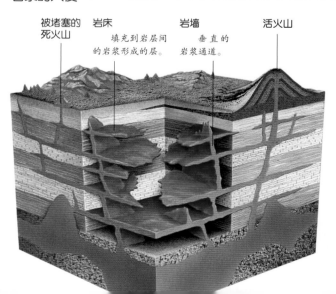

火山群

板块聚合边界是火山集中的地方。

1 当两块板块聚合时，其中一块下降到另一块之下（潜没）。

2 板块间形成巨大的压力，岩石熔化形成岩浆。

3 来自地壳的热量和压力使岩浆顺着岩缝上升到地面，形成了火山喷发。

熔岩喷发

火山灰云

熔岩流
熔岩沿着山坡流下

火山锥
火山喷发后，熔岩冷却形成火成岩岩层。每有熔岩流过，都会形成新的一层，层层堆叠，形成火山锥。

主通道
岩浆从主通道上升，从岩浆室来到地面。

火山口
火山喷发物（熔岩、气体、蒸汽、火山灰）的出口，形如洼地。

寄生火山锥
附着在原火山锥上的较小火山锥，是主火山口通道堵塞后，喷发物形成的新通道。

次级火山通道

火山通道遗迹

地下水渗流

岩浆能够到达地面，也能在地下对岩层施压。岩浆渗出后能形成多种产物

岩浆室
岩浆室内的岩浆温度可高达

1100 摄氏度

温度不断波动，压力（由对流产生）不断变化，使活火山的岩浆室时刻处于活跃状态。

火山分类

地球上没有两座完全相同的火山。人们根据一些特征将火山分为6种基本类型：盾状火山、锥状火山、成层火山、火山渣锥、裂隙式火山和破火山口火山。火山的形状取决于其成因、爆发的方式以及火山活动的各阶段历程。另外，人们也按火山的危险程度对其进行分类。

最常见的类型

成层火山，也称复合型火山。沿太平洋板块边缘，被称为"环太平洋火山带"的区域分布较多。

复合型火山口

主通道

熔岩

分支通道

岩床

凸面

灰层

熔岩穹丘

由于富含硅，所以熔岩具有高粘滞性。这种"硬"熔岩流动性差，就地冷却，堆积成熔岩穹丘。

锥状火山

锥状火山的外形为截顶圆锥体，高度可达300米。它是由火山爆发的残渣及灰烬堆叠在火山口附近形成的。锥状火山坡度较缓，多在30度~40度之间。

盾状火山

盾状火山的直径远远超过其高度。这种类型的火山是由流动性极佳的熔岩冷却形成，所以高度较低，坡度很缓，顶部接近水平。

成层火山

外观近乎对称，由碎块和熔岩层层交错组成。成层火山围绕主岩浆通道为中心形成，也有可能含有其他分支通道。成层火山是爆发最猛烈的火山类型。

圣安娜火山

坐落于萨尔瓦多首都以西65千米的锥形火山，最近一次爆发发生于2005年10月。

基拉韦厄火山

位于夏威夷的盾状火山，是世界上最为活跃的盾状火山之一。

富士山

高3 776米的成层火山，是日本最高的火山，最近一次爆发发生于1707年。

火成侵入：特殊的外形

1 岩浆通道封死

死火山 — 岩浆冷却形成耐蚀岩石

2 初步侵蚀

锥形山体受到侵蚀 — 耐蚀岩石部分（火山塞）未受侵蚀。

3 火山塞形成

周围地形变平 — 火山塞依旧矗立

内部形成湖泊的破火山口

死火山的火山塞

圣米歇尔德教堂

坐落于法国城市勒皮的一处火山塞上。曾经的火山山体已被侵蚀殆尽，但火山塞仍旧留在原地。

80 米

教堂之下的火山塞的高度。

寄生火山锥

新岩浆通道形成

冲击波

岩浆室

冷却的熔岩形成的斜坡

破火山口火山

类似火山口，但直径大于1千米的盆地形火山被称为破火山口火山。破火山口位于死火山或休眠火山山顶，通常中心已经形成较深的湖泊。部分破火山口的成因是灾难性的爆发彻底摧毁了火山，也可能是因为多次爆发后，中空的岩浆通道无法承受山壁的重量而倒塌。

岩脉

裂隙式火山

通常出现在海洋中脊上的狭长通道。爆发物为大量流动性极强的岩浆，冷却后形成宽阔的斜坡以及分层玄武岩。印度德干高原上的一座裂隙式火山面积超过了100万平方千米。

布兰卡火山

位于加那利群岛中的兰萨罗特岛上的火山公园内。

冒纳乌鲁火山

距离基拉韦厄火山（夏威夷境内）约8千米的裂隙式火山。这是太平洋中部最为活跃的火山之一。

火山爆发

火山喷发持续的时间从几小时到几十年不等。有的爆发是灾难性的，也有的较为温和。火山喷发的激烈程度取决于熔岩、气体以及岩石在火山内部的活动。最猛烈的爆发往往是由于长达数千年不断累积的熔岩和气体在火山内部形成了极高的压力。另外，像斯特朗博利火山、埃特纳火山，每数月就能达到爆发条件。

火山

火山砾

火山爆发是如何发生的

3 爆发

岩浆不断上升，超过了隔挡岩浆的物质以及火山口覆盖层的承受力，最终所有的物质都随着爆发喷射而出。

2 通道内的变化

含有挥发性气体的岩浆被多种物质组成的固体层阻挡，挥发性气体和水蒸气不断溶解在其中，正是这些气体和水蒸气赋予了岩浆爆炸的力量。

1 岩浆室内

满足一定条件后岩浆室内会发生液化，与此同时，地面气体受压溶解在上升的岩浆中。不断增加的岩浆使岩浆室内不断增压。

气体颗粒物　熔化的岩石

火山口

岩浆通道

岩浆室

4 火成碎屑物

除了岩浆之外，火山爆发还会喷射出被称为火成碎屑岩的固体物质。火山灰由小于2毫米的火成碎屑岩组成。火山爆发甚至还会喷射花岗岩块。

火山弹	大于64毫米
火山砾	2毫米~64毫米
火山灰	小于2毫米

5 熔岩流

夏威夷的火山岛上有大量并非由火山爆发喷出的岩流。当地人所说的熔岩分两种：第一种被当地人称"aa"，指能够将沉积物吸走的黏稠的熔岩流；第二种称为"pahoehoe"，是指流性更强的熔岩流，流速减缓会逐渐冷却。

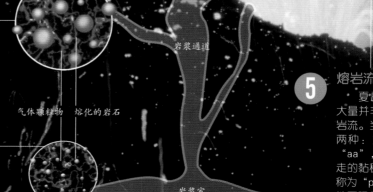

温和的爆发活动

爆发频率低，属于较温和的喷发活动。所产生的熔岩含气量低，并会从附近缺口以及裂缝处流出。

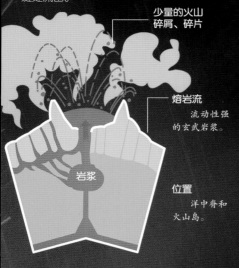

少量的火山碎屑、碎片

熔岩流
流动性强的玄武岩浆。

岩浆

位置
洋中脊和火山岛。

爆裂式火山喷发

极高压力的气体与黏稠的熔岩积累了巨大的爆发力，一旦喷发，可以将火山灰升到十几千米的高空。

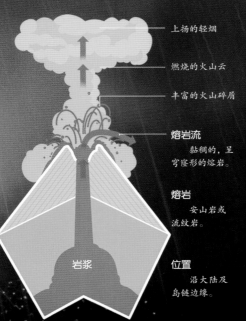

上扬的轻烟

燃烧的火山云

丰富的火山碎屑

熔岩流
黏稠的，呈穹窿形的熔岩。

熔岩
安山岩或流纹岩。

岩浆

位置
沿大陆及岛链边缘。

火山爆发类型

火山丘

低矮，类似盾状火山，仅有一个开口。

大型的、频繁喷发的熔岩流

裂缝
通常有数千米之长。

熔岩
缓缓渗出。

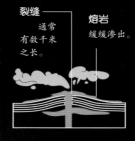

夏威夷式喷发

冒纳罗亚火山以及基拉韦厄火山等。喷发时，有大量的玄武熔岩和少量的气体。由于气体量少，此类喷发非常温和。此类喷发有时会垂直喷出色泽鲜艳的熔岩流（火焰喷泉），冲至100米的高度。

裂隙喷发

此类喷发多发生于海洋裂谷带，也发生在如埃特纳（意大利）等的复合火山锥侧面，或盾状火山（夏威夷）附近。最壮观的一次当属1783年，冰岛的拉基火山裂隙喷发：从25千米的裂缝中，喷发出了12立方千米的熔岩。

爆裂式喷发的类型

大量燃烧着的喷出物形成云雾，弥漫在天空中，高度从100米到1 000米不等。

最高的烟柱可达15千米

喷发形成的云最高可达25千米

炽热的烟雾沿山坡涌动

熔岩流

熔岩堵塞

斯特隆布利式

此类型的喷发具有高频率。斯特隆布利火山位于意大利西西里。火山大约每隔5年就会喷发一次。

武尔卡诺式

该类型的火山爆发得名于意大利西西里的武尔卡诺火山。由于每次喷发都伴随着大量的喷出物，因此该类型火山喷发频率不高。

维苏威火山式

该类型的爆发也被称作普林尼式喷发。剧烈喷发产生的火山灰和浓烟直入云霄，能到达平流层，氤氲不散长达两年。

培雷火山式

该类型的火山爆发的特点是一次猛烈的喷发后，一部分熔岩会堵塞火山口，导致熔岩向某一侧流动。1902年培雷火山爆发，大量火成碎屑流和熔岩顺着斜坡席卷地面，所经之处生灵涂炭。

从太空俯瞰火山喷发

1986年3月27日，美国阿拉斯加奥古斯丁火山爆发数小时后，Landsat-5卫星在太空中拍摄到了如下画面。

烟柱高达

11.5 千米

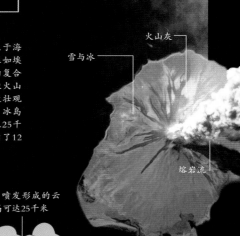

火山灰

雪与冰

熔岩流

熔岩流 **基拉韦厄火山**（夏威夷）　　熔岩湖（夏威夷）　　冷却的熔岩（绳状熔岩）**基拉韦厄火山**（夏威夷）

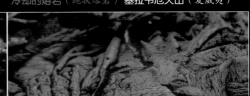

火山爆发之后

火山进入活跃状态并爆发后，除了释放出顺坡而下的燃烧的熔岩流之外，还会引发一系列的灾难。火山灰和气体进入大气层，影响当地气候，有时甚至会影响全球气候，造成更恶劣的后果。河水漫出会引起被称作火山泥流的泥石流，严重时能淹没整座城镇。沿海地区的火山泥流能引发海啸。

熔岩流

破火山口结构的火山，低黏度熔岩可以不经爆发直接流出。1783年，拉基火山就发生过这样的现象。低黏度的熔岩像蜂蜜一样下滴。黏度高的熔岩厚重黏稠，质地接近结晶蜂蜜。

—— 夏威夷国家火山公园的熔岩

火山渣锥
由冷却凝固的熔岩组成的火山锥。

随着熔岩流上升，火山锥爆炸。

碳化的树火山
冷却的熔岩下碳化的树干。

碳化的树干形成了一个迷你火山。

熔岩管道
冷却的熔岩形成的外层。

内部的熔岩保持温度并继续流淌。

哥伦比亚阿美罗镇的救援行动
内瓦多德鲁伊斯火山爆发后导致了泥石流。一名救援人员正在解救被困在火山泥流中的男孩。

火山泥流

雨混着被火山的热量融化的雪水以及溢出的河水造成的泥石流称为"火山泥流"。火山泥流有时比熔岩流造成的危害更大。火山泥流能摧毁沿途的一切。火山泥流通常发生在海拔较高，顶峰有冰盖的火山附近。

阿美罗镇
1985年11月13日，哥伦比亚的阿美罗镇被火山爆发后导致的火山泥流严重损毁。

雪
熔岩
火山
火山泥流

火成碎屑流

大量炽热状态的火山灰、气体和岩石碎块爆炸式沿山而下，沿途引燃并卷走所有东西。

速度
100 ～ 200
千米/时

温度
500～1000
摄氏度

影响范围扩大速度
50 ～ 100
千米/时
流纹熔岩火山喷发

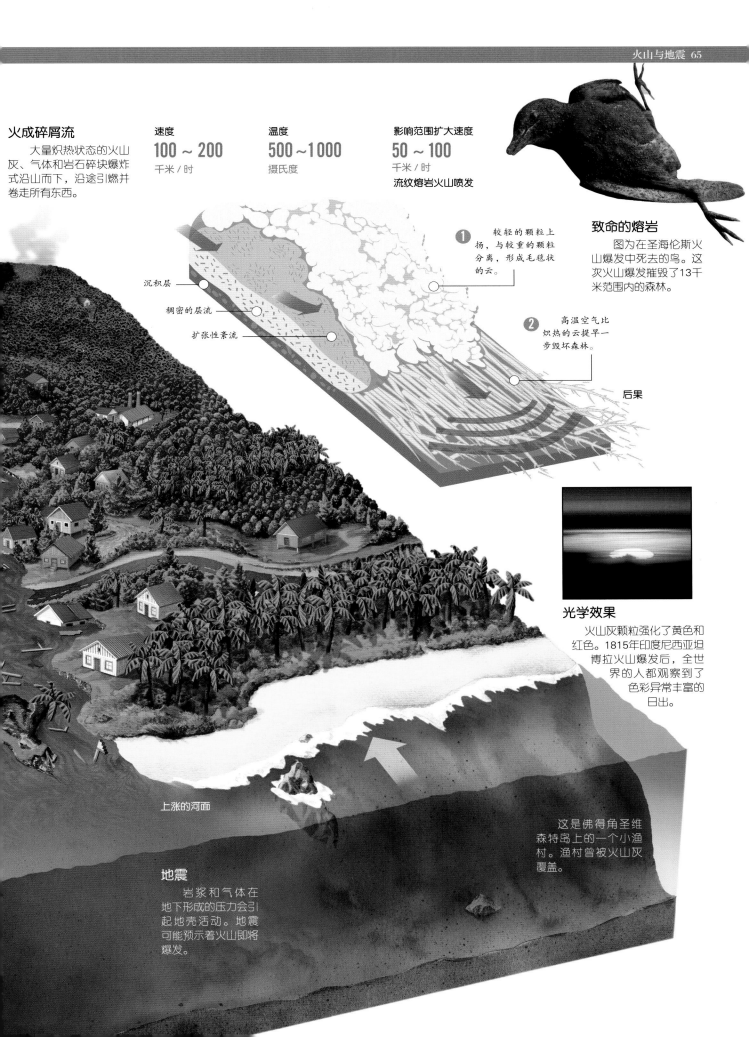

❶ 较轻的颗粒上扬，与较重的颗粒分离，形成毛毡状的云。

致命的熔岩

图为在圣海伦斯火山爆发中死去的鸟。这次火山爆发摧毁了13千米范围内的森林。

❷ 高温空气比炽热的云提早一步毁坏森林。

后果

沉积层

稠密的层流

扩张性紊流

光学效果

火山灰颗粒强化了黄色和红色。1815年印度尼西亚坦博拉火山爆发后，全世界的人都观察到了色彩异常丰富的日出。

上涨的河面

这是佛得角圣维森特岛上的一个小渔村。渔村曾被火山灰覆盖。

地震

岩浆和气体在地下形成的压力会引起地壳活动。地震可能预示着火山即将爆发。

潜在危险

有的地区发生火山活动的可能性较大。这些地区通常位于构造板块分离或相聚处。世界上最大的火山聚集带位于太平洋地区，俗称"环太平洋火山带"。地中海地区、非洲地区和大西洋地区也有较多火山存在。

北冰洋

北美洲

亚洲

大洋洲

太平洋

印度洋

印澳板块

太平洋板块

阿瓦恰火山
俄罗斯

勘察加半岛上一个年轻的活火山，位于古老的破火山口中。

普塔火山
美国，阿拉斯加州

位于万烟谷内。

圣海伦斯火山
美国，华盛顿州

1980年发生过一次喷发。

太平洋 "环太平洋火山带"

沿太平洋构造板块边缘形成，在此聚集着世界上大多数火山。

富士山
日本

是日本最高峰，被日本人民誉为"圣岳"。

皮纳图博火山
菲律宾

该火山1991年的那次喷发，被评为20世纪第二剧烈的火山喷发。

50座火山

印度尼西亚的火山密度居世界之首，仅爪哇岛就有50座活火山。

莫纳罗亚山
美国，夏威夷

这座世界上最大的活火山扎根于洋底，几乎占所在岛屿一半的面积。

基拉韦厄火山
美国，夏威夷

世界上最活跃的盾状火山，1983年以来，它的熔岩流覆盖了超过100平方千米的土地。

喀拉喀托火山
印度尼西亚

1883年的喷发毁掉了一座岛屿。

坦博拉火山
印度尼西亚

1815年的喷发产生了159立方千米的火山灰，是人类历史记录中的最大规模的火山喷发。

埃皮火山
瓦努阿图

这座火山可以缓慢喷发长达数月。

太平洋

潜没

美国西部的许多火山都是由太平洋板块潜没形成的。

世界上最高的5座火山与莫纳罗亚山的对比。

最高的火山

这些火山坐落于安第斯山脉中部，是环太平洋火山带的一部分。这些火山的活跃期在1万年前，目前多数已是死火山。

奥霍斯德尔萨拉多山
智利/阿根廷
海拔6 887米

尤耶亚科火山
智利/阿根廷
海拔6 739米

提帕斯火山
阿根廷
海拔6 660米

印加瓦西峰
智利/阿根廷
海拔6 621米

萨哈马火山
玻利维亚
海拔6 542米

莫纳罗亚山
美国，夏威夷
盾状火山
海拔4 170米

破火山口

海平面

约60次

每年火山爆发的数量。

冰岛

冰岛的西半部在北美洲板块上，而东半部在亚欧板块上。

爱德菲尔火山
冰岛

爆发时，每秒排出100立方米的熔岩。

亚欧板块

维苏威火山
意大利

20世纪发生过两次喷发。

欧洲

亚洲

安的列斯群岛

东部的小安的列斯群岛是火山活动区。

北美板块

大西洋

埃特纳火山
意大利

3 350米数千年来，一直频繁喷发。

非洲

培雷火山
马提尼克

1902年的喷发彻底摧毁了圣皮埃尔市及其港口。

中美洲

南美洲

印度洋

❶ 5月2日，第一波的火山灰降临在圣皮埃尔市上空，岛上陷入数日的灰暗。

纳斯卡板块

南美板块

非洲板块

奥霍斯德尔萨拉多山
智利／阿根廷

世界上最高的火山，最近一次喷发在1956年。

❷ 5月5日，山顶附近的破火山口坍塌，所蓄积的水倾泻而出，形成了巨大的火山泥流。

危险的火山

附近有密集居民区的火山最为危险。在印度尼西亚、菲律宾、日本、墨西哥和中美洲，都有大量的居民居住在火山附近。

❸ 5月8日，圣皮埃尔市被一团影响范围高达58平方千米的高温云团吞灭，28 000名居民遇难。

南极洲板块

深层断裂

由于构造板块不断运动，因此彼此间可能发生撞击，也可能擦肩而过，有时甚至会沉降到另一块的下方，导致地震。地壳内部的运动缺少可见的外部迹象。这些运动产生的能量积攒在地壳内部，当超越地壳承受极限时，这种能量就会在最薄弱处被释放，导致地面突然剧烈震动，形成地震。

1 前震

先于主震数日甚至数年的小地震。威力比较大时可以使停泊的车辆发生位移。

2 余震

主震发生后的地震。有时会比地震本身更具破坏性。

地球上每年发生的地震次数

震 级	数 量（约）
8级以上	1次
7级～7.9级	18次
6级～6.9级	120次
5级～5.9级	800次
4级～4.9级	6200次
3级～3.9级	49000次

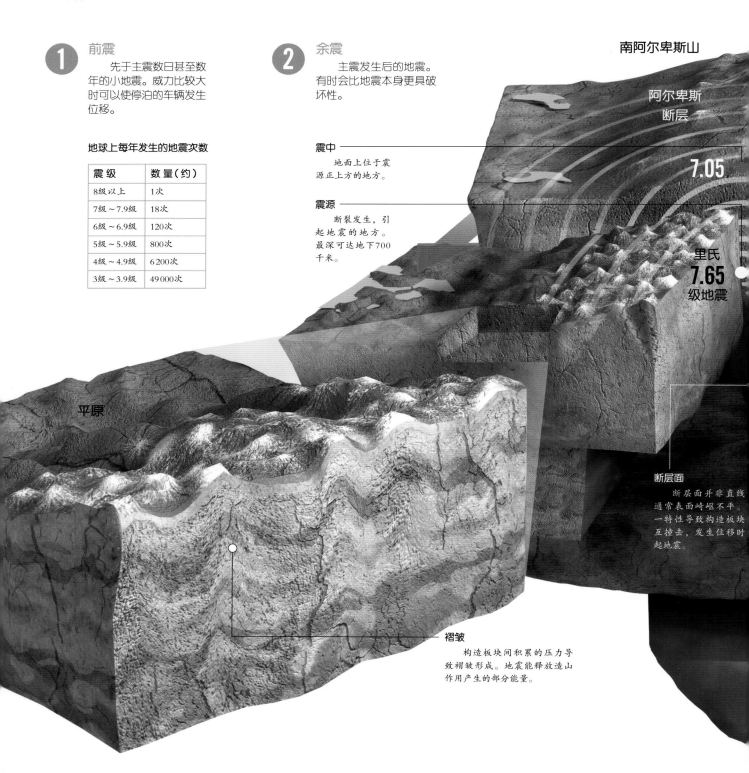

南阿尔卑斯山

阿尔卑斯断层

震中
地面上位于震源正上方的地方。

震源
断裂发生，引起地震的地方。最深可达地下700千米。

7.05

里氏 7.65 级地震

断层面
断层面并非直线通常表面崎岖不平。一特性导致构造板块互撞击，发生位移时起地震。

平原

褶皱
构造板块间积累的压力导致褶皱形成。地震能释放造山作用产生的部分能量。

地震的起源

1 产生应力
　　板块沿断层面向相反方向移动，在断层面的某个位置碰触，板块间应力变大。

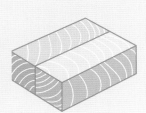

2 应力与抗力
　　此时，即使板块未移动，仍有发生位移的倾向，因此应力也在增加。边缘的岩层受力发生变形和碎裂。

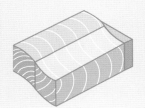

3 地震
　　应力超越岩石受力极限时，岩石断裂并突然移动，导致典型的转换边界处地震发生。

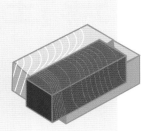

3 主震
　　主震持续数秒，之后有可能在震中附近发生数次肉眼可见的震动。

南岛

由于断层线附近板块活动频繁，河床的走向曲折蜿蜒

特卡波湖

新西兰
南纬42度
东经174度

面积	268 680平方千米
人口	4 137 000
人口密度	13.63人/平方千米
每年里氏4级以下地震次数	60次～100次
每年地震次数	约14 000次

.10

地震波
　　地震波能将地震的能量传播到很远的地方，其强度随距离增加而降低。

新西兰的阿尔派恩断层
　　如横剖面图所示，新西兰南岛被一个大断层分割，该大断层改变了潜没的方向。在北边，太平洋板块以每年4.4厘米的速度沉入印澳板块之下；在南边，印澳板块以每年3.8厘米的速度沉入太平洋板块之下。

潜在地震区

北岛

阿尔派恩断层

澳大利亚板块

25 千米
新西兰下方地壳平均深度。

南岛

太平洋板块

新西兰岛的变形趋势

　　西面有一片平原，在过去的2000万年间向北移动了约500千米。

200万年前　　400万年前

弹性波

地震释放的能量以波的形式传递，如同一块石头掉进水塘引起的波动一样。地震波从震源向各方向传播，穿过岩石的速度快，穿过松软的沉积物和水的速度较慢。科学家们把地震波分解成较为简单的波模型，方便进行研究。

震源

震动从震源发出，引起岩石晃动。

3.6 千米 / 秒
P波速度是 S 波速度的 1.7 倍

S波仅能在固体中传播，液体不受S波的影响。S波的振动方向与传播方向垂直。

不同类型的地震波

地震波主要分为两种：实体波和表面波。实体波在地球内部运动，引起威力很小的前震，它分为P波（主波）和S波（次波）两种。表面波只能沿地表传播，它能引起各个方向的震动，造成极大破坏，它分为勒夫波和瑞利波。

➡️ 地震波方向

➡️ 岩石震动方向

6 千米 / 秒
P 波在地壳中的速度

P波能在大多数物质中传播，振动方向与传播方向相同。

P 波

沿直线传播的高速波，使沿途固体和液体物质被反复挤压、拉伸。

P 波在不同材料中的传播速度

材料	花岗岩	玄武岩	石灰岩	砂岩	水
波传播速度（米/秒）	5 200	6 400	2 400	3 500	1 450

地面沿波传播的方向被反复挤压、伸展。

表面波

P波和S波到达震中时出现，振动频率较低，对固体物质更有效果，因此具有更强大的破坏力。

3.2 千米 / 秒

表面波的速度

这些波仅在地表以S波90%的速度传播。

勒夫波

这种波类似水平的S波，在表面范围移动，不过这种波传播速度较慢，呈现的波形平行于其前进方向。

瑞利波

这种波与海浪类似，以垂直振动的方式传播，在与前行方向垂直的方向上拉伸地面，造成裂痕。

土壤被左右拉伸

地面振动轨迹呈椭圆形

土壤被左右拉伸，与波前进的方向垂直

S 波

S波使沿途岩石沿上下左右方向运动。

S 波在不同材料中的传播速度

材料	花岗岩	玄武岩	石灰岩	砂岩
波传播速度（米 / 秒）	3000	3200	1350	2150

地震的类型

通常一次地震会产生所有类型的波，但其中某类型的波会占据主要地位。因此，可以依据垂直或水平方向的振动程度对地震进行分类。另外，震源深度也会影响到地震的破坏强度。

按运动方式划分地震类型

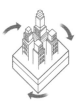

垂直型

在震中附近，垂直震动的程度比水平震动的强。

摆动型

振动波及松软的土壤时，水平方向运动会被放大，造成摆动型地震。

P 波和 S 波的传播轨迹

地球的地核对S波起阻碍作用，一定范围内的区域，S波都无法通过。P波能够穿过地核区域，但穿过之后的方向可能会发生改变。

震中

地幔

内地核

地核

105°

105°

140°

140°

该区域地震台记录下了两种波

P   S

该区域地震台未记录到任何波

该区域地震台仅记录下P波

 P波（主波）

S波（次波）

按震源深度划分地震类型

震源深度为70千米～300千米的地震称为中源地震。深度小于70千米的称为浅源地震（通常地震级数更大），深度更大的称为深源地震。

（千米）

0

70　浅源地震

300　中源地震

700　深源地震

测量地震

可以根据强度、持续时间和位置测量地震，为此，科学家设计了多种仪器，制订了多种标准。地震仪能同时测量上述三个参数。里氏震级是表示地震规模大小的度量。地震造成的破坏还可以从其他角度来衡量，比如伤亡人数以及无家可归的人数、地震造成的损失和重建需花费的金额、政府和商家针对地震的支出、保险理赔的数额、学校因此停课的天数等等。

查尔斯·里克特
美国地震学家，创立了以自己名字命名的地震强度度量方式。

地震强度

根据地震强度，可以推测地震造成的破坏。

改进版的麦氏震级

1883年至1902年期间，意大利火山学家朱塞佩·麦加利发明了麦氏震级，用以衡量地震强度。最初的麦氏震级只有10级，是通过观察地震活动产生的结果制订的。后来改进为12级。最低的几级对应的现象几乎感受不到。最高的几级会导致建筑物损毁。麦氏震级多用于比较不同地区、不同社会经济环境下地震造成的影响。

里氏震级

1935年，为了测量地震仪记录下的地震波最大振幅，地震学家里克特发明了一个标准。这个标准最重要的特点是：级数是根据指数公式计算的。

震级

单次地震释放出的能量。

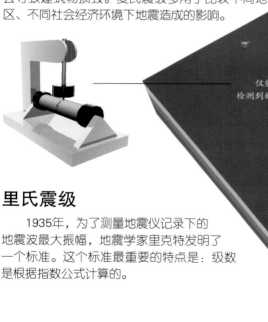

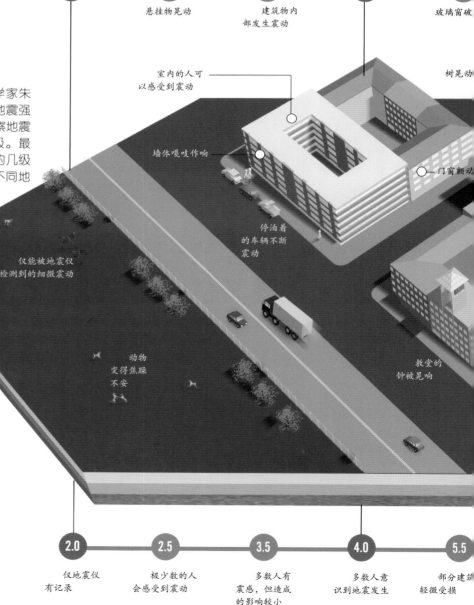

I	II	III	IV	V
	悬挂物晃动	建筑物内部发生震动		玻璃窗破

室内的人可以感受到震动

墙体嘎吱作响

树晃动

门窗颤动

仅能被地震仪检测到的细微震动

停泊着的车辆不断震动

动物变得焦躁不安

教堂的钟被晃响

2.0	2.5	3.5	4.0	5.5
仅地震仪有记录	极少数的人会感受到震动	多数人有震感，但造成的影响较小	多数人意识到地震发生	部分建筑轻微受损

欧洲地震烈度表

　　自1998年起，欧盟及部分北非国家开始使用欧洲地震烈度表衡量地震强度。该方式适用于欧洲地区的建筑——许多古建筑与现代建筑仅一墙之隔。这些地区的地震所造成的破坏往往差异较大。欧洲地震烈度表有12个度，综合体现了震级以及破坏程度。

朱塞佩·麦加利
意大利火山学家，发明了最早的衡量地震强度的方法。

世界不同地区所使用的地震衡量方式
○ 里式以及麦式　　● 欧洲地震烈度表

I　VII　VIII　IX　X　XI　XII　强度（烈度）

有人均到摇晃

所有人都感受到震动，仓皇出逃

建筑物受损，地面出现裂缝

大规模的恐慌

火车轨道发生形变

毁灭性地震，地面出现明显波动

发生火灾

墙体倒塌

人们逃出建筑物

司机无控制驾驶车辆

建筑物部分坍塌

地面上建筑物全部倒塌

地面开裂下沉

地面开始喷砂冒水

地面出现大裂缝

供水中断

6.0　6.5　7.0　7.5　8.0　8.5　9.0　震级

可能造失

不够稳固的建筑被摧毁

在人口密集地区可能会造成重大危害

造成重大灾难的地震

称得上是"大地震"

造成非常严重的破坏

极为严重的地震，造成一场巨大的灾难

海啸

大地震或火山喷发可能引发海啸。海啸的英文单词"tsunami"源自日语"津波"，意味着"港口的浪"。海啸速度非常快，可高达每小时800千米。进入浅水区域时，海啸速度减慢但高度增加。靠近海岸时，海啸可形成高达10米的水墙。这一高度取决于海滩的形状以及沿岸海域的深度。如果海啸登陆旱地，可能会淹没大片土地，造成极大的损失。1960年，智利海岸附近的一场地震引发了一场海啸，吞没了南美洲海岸800千米范围的居住地。22小时后这场海啸波及日本，摧毁了沿岸小镇。

海啸是如何形成的

海床的地震活动可以引发海水表面振动。大多数情况下，振动是由海洋地壳上行或下行移动引发大量海水运动引起的。火山爆发、陨石撞击或核爆炸也可以引发海啸。

90%
由构造板块运动导致

10%
由其他原因导致

板块上升

水面上升　　　　水面下降

板块下降

海水涌向空缺，产生的力引发了海啸。

7.5 级

这个级数以上的地震才有可能引发具有破坏性的海啸。

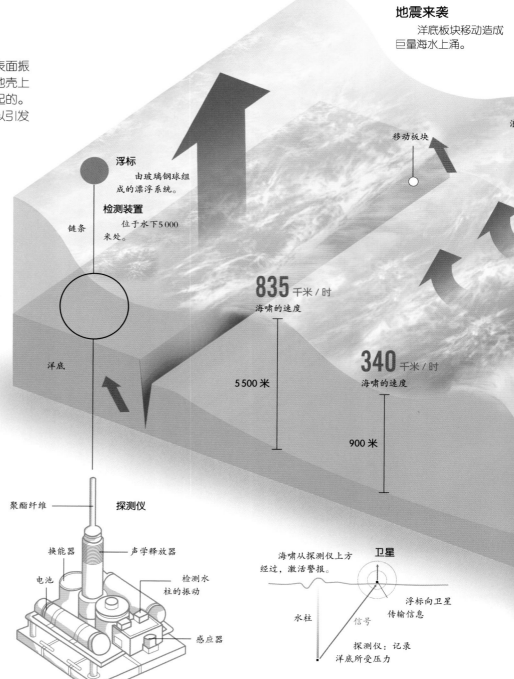

1 地震来袭
洋底板块移动造成巨量海水上涌。

移动板块

浮标
由玻璃钢球组成的漂浮系统。

检测装置
位于水下5 000米处。

链条

洋底

835 千米/时
海啸的速度

340 千米/时
海啸的速度

5 500 米

900 米

聚酯纤维　　探测仪

换能器

声学释放器

电池

检测水柱的振动

感应器

海啸从探测仪上方经过，激活警报。

卫星

水柱

信号

浮标向卫星传输信息

探测仪：记录洋底所受压力

海浪冲击海岸前

A 海平面下降到不正常的高度
海水被蓄力的浪"吸走"。

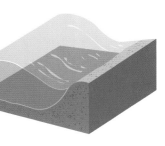

海浪冲击海岸

B 巨浪形成
最高点时，巨浪
几乎与地面垂直。

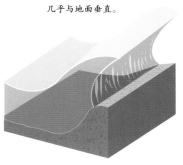

浪高示意图

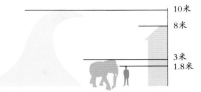

10米
8米
3米
1.8米

10 米
大型海啸的浪高。

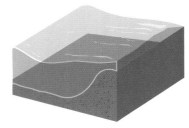

C 在与海岸撞击过程中，海浪
积蓄的力量得到释放。有时海浪
会分解为数道波浪。

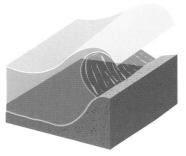

D 海岸被淹
需要数小时甚至数日，
水面才会恢复到正常位置。

② 海浪诞生

上涌的海水下降导致水面振
动，产生的浪仅有0.5米高，不会对
航行的船造成丝毫影响。

浪谷
浪峰

海浪的长度

在海上，以浪峰与浪
峰之间的距离为准，海浪
长度为100千米～700千米
不等。

③ 一往无前的海浪

海浪保持势头，前行数千千
米。越靠近海岸水越浅，海浪变
得更密更高。

④ 海啸

在海岸处海浪前
行受阻。海岸如同匝道
一般将海浪的力量向上
引导。

津波

"海啸"这个
词源自日语。

TSU	NAMI
港口	波

沿岸建筑物
有被损坏或摧毁
的可能

50 千米/时
海啸的速度。

20米

逃生机会

在海啸到来前的5
分钟～30分钟，沿岸的
海平面会突然下降。

印度洋

面积	7340万平方千米
占地球表面面积百分比	14%
占地球海洋面积百分比	20%
板块边缘长度	1200千米
2004年受印度洋海啸影响国家数量	21

印度洋海啸

　　2004年12月26日，亚洲发生了一场里氏9级的地震，是20世纪以来的第三大地震。震中距离印度尼西亚苏门答腊西岸160千米。此次地震引发了一场海啸，冲击了印度洋范围内的所有海岸。苏门答腊和斯里兰卡受灾严重。印度、泰国、马尔代夫相继受灾。这场海啸甚至还波及到了远在非洲的肯尼亚、坦桑尼亚、索马里。

持续时长

　　地震持续了8分钟~10分钟，是人类记录中最漫长的地震之一。地震波6个小时后到达8000千米外的非洲地区。

印度
人口数量：
10.65亿

维沙卡帕特

1厘米/年

班加罗尔

科钦

阿拉伯板块

索马里
人口数量：886万
289人遇难

印度板块

科伦坡
马塔勒

马尔代夫
人口数量：33万
108人遇难

斯里兰卡
人口数量：199
35 322人遇难

肯尼亚
人口数量：3470万
1人遇难

非洲板块

坦桑尼亚
人口数量：3744万
13人遇难

3小时

4小时

5小时

6小时

印度洋

非洲

第一波海啸的速度
每小时
800 千米

7:58
　　海啸发生时的当地时间（格林尼治标准时间00:58）。

估计遇难人数
230 507

30%
的遇难者为儿童

　　每个受灾国家确认的遇难和失踪的人数相加后，得出总遇难人数（估算）。另有160万人被迫撤离受灾地区。

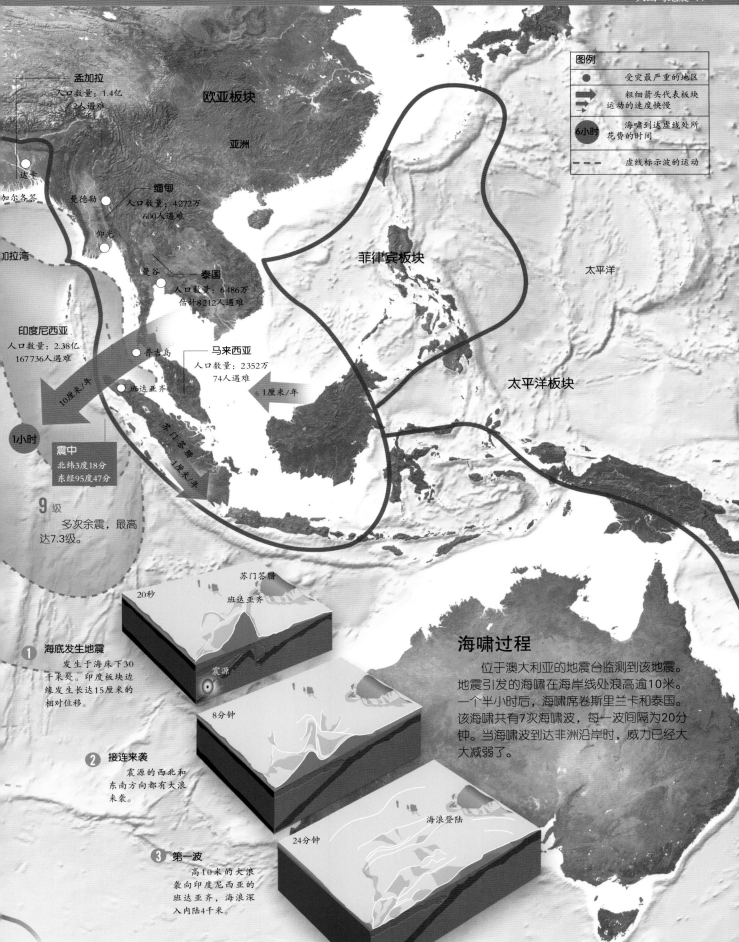

图例
● 受灾最严重的地区
➡ 粗细箭头代表板块运动的速度快慢
6小时 海啸到达虚线处所花费的时间
--- 虚线标示波的运动

孟加拉
人口数量：1.4亿
2人遇难

欧亚板块

亚洲

达卡
加尔各答
曼德勒
仰光
曼谷

缅甸
人口数量：4272万
600人遇难

菲律宾板块

太平洋

泰国
人口数量：6486万
估计8212人遇难

印度尼西亚
人口数量：2.38亿
167736人遇难

普吉岛

马来西亚
人口数量：2352万
74人遇难

太平洋板块

班达亚齐

苏门答腊

10厘米/年

1厘米/年

1厘米/年

1小时

震中
北纬3度18分
东经95度47分

9级
多次余震，最高达7.3级。

海啸过程

苏门答腊
班达亚齐
20秒
震源

❶ 海底发生地震
发生于海床下30千米处。印度板块边缘发生长达15厘米的相对位移。

8分钟

位于澳大利亚的地震台监测到该地震。地震引发的海啸在海岸线处浪高逾10米。一个半小时后，海啸席卷斯里兰卡和泰国。该海啸共有7次海啸波，每一波间隔为20分钟。当海啸波到达非洲沿岸时，威力已经大大减弱了。

❷ 接连来袭
震源的西北和东南方向都有大浪来袭。

24分钟

海浪登陆

❸ 第一波
高10米的大浪袭向印度尼西亚的班达亚齐，海浪深入内陆4千米。

有地震风险的区域

凡是处在活动频繁的断层上的区域都是地震带。世界上活动频繁的断层数不胜数，尤其是山脉和洋中脊附近。很不幸的是，许多人口密集的居住地位于上述地区附近。如遇地震来袭，这些地区就会变成重灾区；一旦构造板块发生碰撞，它们的处境则更加危险。

北冰洋

亚洲

6.8级
神户 1995年
30秒内摧毁了神户市和附近村落。

8.1级 ~ 8.7级
阿萨姆 1897年
地震发生于印度东北部的阿萨姆邦，1600余人遇难。

喜马拉雅山脉

菲律宾板块

太平洋板块

9.2级
阿拉斯加 1964年
地震持续了3分钟~5分钟，所引起的海啸导致122人遇难。

太平洋

印澳板块

山

海沟

太平洋板块

俯冲消减带

8.3级
旧金山 1906年
地震引发的大火给整座城市带来巨大的灾难。

太平洋板块

8.1级
墨西哥 1985年
主震两天后又发生了7.6级余震，11000人遇难。

马里亚纳海沟
地球上最深的海沟，深度为10 934米，位于北太平洋的西侧，马里亚纳群岛东面。

太平洋

8.0级
汶川 2008年
印度洋板块挤压亚欧板块引发地震，破坏巨大。

科科斯板块和加勒比板块
两板块汇聚，科科斯板块消减于加勒比板块下方，这一现象称为潜没。上述板块的活动引起了大量地震，形成了许多火山。

科科斯板块

加勒比板块

9.0级
苏门答腊 2004年
印度洋海啸
苏门答腊岛附近的地震引发了浪高达10米的海啸，造成了人间悲剧。

印度洋

大洋洲

印澳板块

印澳板块

新西兰地质断层
两板块沿大型断层相对运动，这种特殊的断层类型被称为转换断层。

太平洋板块

南极洲板块

风险最高的地区

目前，作为最具破坏性的自然现象，地震是无法准确预测的。地震使大地晃动、土地开裂、地面移动，几秒之内就能把一个安宁的城市变成人间地狱。地震对人口密集的地区无疑是最可怕的噩梦，但对于地势开阔的城市而言，地震本身的危害性较小，地震的主要危害往往是地震导致的建筑物崩塌造成人员伤亡。

亚欧板块

乌拉尔山脉

6.8级
亚美尼亚 1988 年
摧毁了斯皮塔克市，2.5万余人遇难。

7.6级
克什米尔
2005 年
8万人遇难，经济损失高达6.5亿美元。

8.7级
里斯本
葡萄牙 1755 年
6万余人遇难，地震还引发了海啸。

北美洲

大西洋

北美洲板块

欧洲

阿尔卑斯山脉

高加索山脉

7.5级
伊朗 1990 年
6万余人遇难，是伊朗20世纪遭遇的最大灾难。

中美洲

大西洋

非洲

非洲板块

阿拉伯板块

加勒比板块

...斯板块

印澳板块

安第斯山脉

纳斯卡板块

南美洲

南美洲板块

非洲板块

非洲板块

印度洋

非洲板块和阿拉伯板块

非洲板块包含了部分大西洋、部分印度洋，北边与阿拉伯板块接壤。非洲板块和阿拉伯板块分裂形成了红海，并且两者距离还在不断加大。

洋中脊
海沟
洋中脊

南美板块

软流层

洋中脊

板块分离形成的海下山脉，属于活跃的地质构造。洋中脊是世界上最长的山系。

9.5级
智利 1960 年
人类历史上威力最大的地震，5700人遇难，200万人流离失所。

南极洲板块

斯科舍板块

非洲板块

南极洲板块

图例

▲▲▲▲ 聚合板块边缘

海洋断层

转换断层

海洋断层的运动方向

断层的运动方向

重大地震

地震区域

受灾区域

鱼与珊瑚礁

　　海洋深处生活着迷人的动物和植物。

第三章

地 球
生态与环境

生物学中的生态学是研究同一环境中生物之间的关系的科学。生态学的终极目标是了解生命。正因为有生命的存在，地球在众多星球中才显得如此独特。

六界

　　想要研究生命，首先需要建立一个系统，对世界上不计其数的生命进行归类。围绕这个系统，博物学家们进行了长达数世纪的辩论，提出了许多设想，产生过许多争议。这一系统至今仍存在悬而未决的问题。尽管如此，目前，人们已建立了根据不同群体的形态特征，以及根据生物的进化历史的分类方法。在确认生物间的关系时，这两种分类方法都将派上用场。

统一名称

　　生命体通常有两种名字。常用名是人们日常称呼的，不同地区的叫法通常有所差别。而拉丁文的学名具有唯一性，用它称呼生命体时，就不会引起混淆或误解。

大白鲨的学名叫作噬人鲨属噬人鲨。

亚马孙河海豚、粉红河豚、亚马孙海豚所指的都是同一种动物：亚马孙河豚。

二名法

　　按照惯例，生物的学名通常为斜体书写的拉丁文。

Inia　　*geoffrensis*

第一个词表明"属"，首字母通常大写

第二个词与第一个词搭配，就能明确表示某一物种

34

动物界所含"门"的数量。比如，软体动物门（包含蜗牛、章鱼和蛤蜊）中就含9万"种"软体动物。

生物分类

　　曾经，所有的生物都被分作动物和植物两界。如今，新的分类方法将生物分作六界。另外，科学家们还提出了其他的分类方法，目前仍在讨论中。

1 动物界（*动物*）
　　多细胞生物体。它们的细胞为真核细胞，不具有细胞壁。一般来说，它们可以靠自己的力量移动。

150 万

目前科学家已详细记录其特征的生物种类数。据推测，这个数量仅占世界上所有生物种类的5%。

③ 原生生物界

单细胞和多细胞真核生物。包括眼虫藻、鞭毛藻和其他如草履虫等真核微生物。

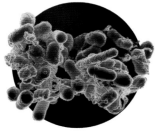

放大1 500倍的草履虫。

② 植物界（植物）

多细胞生物体。细胞为真核细胞，有细胞壁，具有叶绿素，能从阳光中获得能量。

④ 病毒界

非常小，以复制进行繁殖的非细胞型微生物，生活在细胞中。

大肠杆菌菌落

细菌的大小大约是人类发丝直径的百分之一。细菌会导致数种疾病，比如说沙门氏菌就是致病菌之一。

真菌界

真菌是真核生物。真菌曾经被划分到植物界，但现在已是独立的一界。真菌的特点之一就是会产生孢子。它们的细胞结构也不同于植物。

⑤ 原核生物界

缺乏细胞核的单细胞生物，是现存生物中最简单的一群，细菌就属于这一界。

分类级别

划分生物的系统中，大类别之下细分了其他子类别。举例来说，域分为数个界，而界分类下为门，门又被分为亚门，一直细分到种。

完整的生物分类系统（以"人"为例）

尼安德特人

直立人

智人

域：	真核生物（细胞含有线性DNA、细胞骨架、核膜等内膜）
界：	动物界（需要摄取食物为生的多细胞生物）
门：	脊索动物门（在生命周期某时间段中生有中空背神经管和咽鳃裂）
亚门：	脊椎动物亚门（脊柱中生有神经管的动物）
总纲：	四足动物总纲（生有四肢的陆地动物）
纲：	哺乳动物纲（幼体由母体乳腺分泌的乳汁给哺养，皮肤上有毛的温血动物）
目：	灵长目（生有手指和扁平的指甲，嗅觉不太灵敏，有树栖习性——部分仅祖先具有此习性）
科：	人科（双足行走、面部扁平、视线朝正前方、有色觉）
属：	人属（用某种形式的语言沟通）**上方图示为人属的三个物种头骨**
种：	智人种（颧骨突出、体毛稀少、高额头）

新分类方法

科学家们仍在持续探讨最好的生物分类方法。新引入的分类概念——域——是界的上级分类。根据这个分类方案，域分为三种（原核生物对应两种，真核生物对应一种），再由此划分到界。

确认亲属关系

通过对生物进化的研究，可以确认看起来非常不同的生物是否具有关联性以及是否拥有共同的祖先。

同源结构

同源结构可以是功能对等的结构（例如蝙蝠的翼和鸟的翅膀），也可以是功能不同的结构（例如鸟的翅膀和人的手臂）。无论属于上述哪种情况，同源结构演化自同一结构，标志着两种生物具有某种程度的亲属关系。

同功结构

尽管外观相似功能相同，但研究表明同功结构进化自不同的结构（例如鸟的翅膀和昆虫的翅膀）。同功结构是生物在相同环境下由不同结构进化出的功能相同的结构。

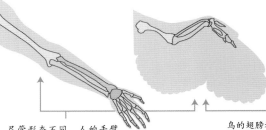

尽管形态不同，人的手臂和鸟的翅膀由同一结构进化而来，是同源结构

鸟的翅膀和昆虫的翅膀，经过对比，是同功结构。各自由不同的结构进化而来，却体现了相同的适应性策略——飞翔的本领

尽管人和鸟有很大区别，但人和鸟的亲属关系，比鸟和昆虫的亲属关系更近

生命的根基

有机体在自然形成的土壤中出生、生活、繁殖、死亡。人们在土地上种植农作物、养殖动物，从土壤中获得建筑材料。土壤让地球上的生命和无机物建立了联系。在气候和生物作用下，岩石分解形成土壤。

300 年
自然条件下，形成具有三层结构的土壤所需的时间。

土壤的类型

我们能够在土壤中发现基岩，该物质已经在空气、水、生物和分解的有机物作用下发生了很大改变。基岩所经历的多种物理和化学变化能将其变成不同类型的土壤，有的富含腐殖质，有的富含黏土或具有其他特性。土壤的基本质地取决于基岩的类型。

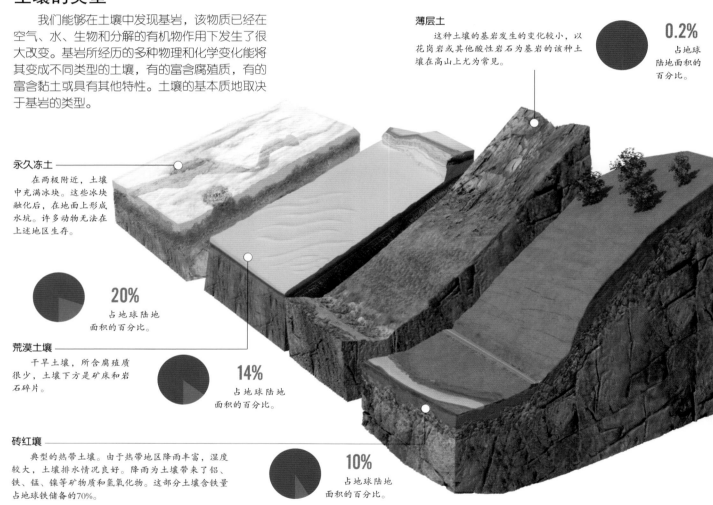

薄层土
这种土壤的基岩发生的变化较小，以花岗岩或其他酸性岩石为基岩的该种土壤在高山上尤为常见。

0.2%
占地球陆地面积的百分比。

永久冻土
在两极附近，土壤中充满冰块。这些冰块融化后，在地面上形成水坑。许多动物无法在上述地区生存。

20%
占地球陆地面积的百分比。

荒漠土壤
干旱土壤，所含腐殖质很少，土壤下方是矿床和岩石碎片。

14%
占地球陆地面积的百分比。

砖红壤
典型的热带土壤。由于热带地区降雨丰富，湿度较大，土壤排水情况良好。降雨为土壤带来了铝、铁、锰、镍等矿物质和氢氧化物。这部分土壤含铁量占地球铁储备的70%。

10%
占地球陆地面积的百分比。

土壤是如何形成的

大部分地壳都被一层沉积物和有机物覆盖。除了非常陡峭的斜坡之外，这一层被称作土壤的物质覆盖着整个地面。土壤系统活力十足，持续发生着变化。土壤最小的腔体充满了水和空气，是成千上万的细菌、藻类和真菌的居所。这些微生物加速了分解进程，将土壤变成了适宜植物、小型哺乳动物和昆虫生长的环境。

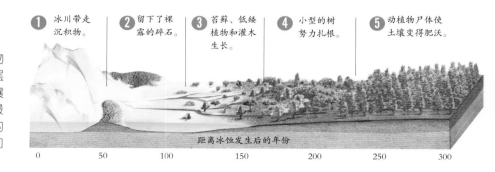

1 冰川带走沉积物。
2 留下了裸露的碎石。
3 苔藓、低矮植物和灌木生长。
4 小型的树努力扎根。
5 动植物尸体使土壤变得肥沃。

距离冰蚀发生后的年份

0   50   100   150   200   250   300

不同土壤层的特性

通过观察土壤的剖面，可以分辨土壤的分层。每一层都具有不同的特点和属性。表土层富含有机物；下方是心土层，养分在这一层累积，部分植物在这一层扎根；最下面的一层为底土层，由岩石和卵石组成。

土壤中的生物

许多细菌和真菌生活在土壤中，它们的数量超过了地面上生活的所有动物的总和。藻类（主要是硅藻）生活在离地面很近、光照充足的地方。螨虫、跳虫、胭脂虫、昆虫幼虫、蚯蚓等也生活在离地面较近的土壤中。蚯蚓在土壤中钻出的隧道使植物的根更好生长，它们的粪便能保持土壤中的水分，还能提供重要养分。

蚯蚓

6 000只蚯蚓能产出约1 350千克腐殖质。

腐殖质

由有机物组成的物质，通常存在于土壤最上层，由微生物分解落叶和动物粪便产生。丰富的碳赋予了肥沃的腐殖质深色的外表。

0米

表土层

表土层颜色较深，养分充足。由交织成网状的植物根和腐殖质组成。

1米

心土层

含有来自基岩的矿物质颗粒。心土层由复杂腐殖质组成。

2米

3米

基岩

基岩不断被侵蚀而分解，能增加土壤厚度。土壤质地很大程度上受基岩类型的影响。

岩石循环

部分岩石经历岩石循环形成土壤。在侵蚀作用下，来自地壳的岩石呈现出各种形状。这些形状的成因一部分来自岩石本身的组成成分，另一部分来自侵蚀作用（气象和生物因素）。

带有灰尘的云朵飘入大气层

火山爆发释放出熔岩和火山碎屑。

火成岩冷却并被侵蚀。

火山灰进入岩层中。

侵蚀作用

火成岩

熔岩冷却后形成火成岩，它分为火山岩、浅成岩、深成岩。

部分沉积岩和变质岩受侵蚀，成为新的岩层。

这些岩层受挤压变坚硬。

沉积岩

热量和压力能够让岩石在无需熔化的情况下重新结晶，变成另一种类型的岩石。

随着熔岩冷却变成固体，在地表生成火山岩，地壳深处生成深成岩。

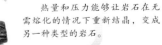

变质岩

岩石熔化变成熔岩。

温度升高时，岩石可能再次变为熔岩。

火成岩

生态系统

生态系统包括生物与它们所在的环境构成的统一整体。尽管生态系统都是独一无二的，并且是复杂的，但所有的生态系统都必须具备两个条件：一、来自太阳的单向能量，使系统中所有生物可以生存发展；二、多种物质的循环流动。这些物质，例如养分，从环境中来，在环境中的生物间传递，最后回到环境中。

食物网和能量流动

每个生态系统都有食物网。有初级生产者、初级和次级消费者以及分解者。食物网的能量流动开始于太阳。

太阳

是地球能量的主要来源。没有太阳，就没有生命。初级生产者（植物和藻类）将太阳能转化为化学能储存在糖类中。

每一次能量从一个营养级到达下一个营养级，都伴随着能量流失。每一级消费者只能获得其猎物体内留存的能量的10%。

初级生产者

植物和藻类吸收太阳能并将其转化为化学能。初级生产者构成了它们所在食物网的第一营养级。

分解者

真菌、虫子和其他微生物等生物专门利用其他动物无法使用的资源（比如纤维素和氮化合物）。分解者以有机残渣和其他废物，例如粪便和动物尸体为食。通过消化、分解这些物质，分解者让食物网中流通的成分以无机物的形式回归环境。

0.1%

被生物利用的太阳能占到达地球表面的太阳能的百分比。

初级消费者

初级消费者是吃初级生产者的食草动物。从初级生产者处获取的一部分化学能用以维生，另一部分以肌肉、脂肪等形式储存在体内，剩下的部分则被浪费掉了。

氮循环

氮是生命的重要组成元素。没有氮，植物无法生存，当然动物也就不复存在了。空气中70%是氮，但是植物无法直接使用氮。植物只能吸收土壤中的部分氮化合物。

① 动物尸体和动物排泄物等含有氮。部分细菌和真菌能将这部分氮转化为氨（NH_3）和铵（NH_4^+）。

② 有的细菌将这些化合物转化为亚硝酸盐（NO_2^-）。亚硝酸盐对植物有害。

③ 有的细菌将亚硝酸盐转化为硝酸盐（NO_3^-）。硝酸盐能够被植物吸收并促进植物生长。

④ 植物细胞能将硝酸盐转化为铵。铵可以与碳结合形成氨基酸、蛋白质和其他植物所需的化合物。

⑤ 动物通过食用植物获取氮元素，这部分氮元素最终回归到土壤中。

⑥ 大部分氮在循环中被损耗。人类活动、燃烧和水都能将氮带离生态系统。部分细菌将氮在土壤中转化为氮气，重新回到大气层中。

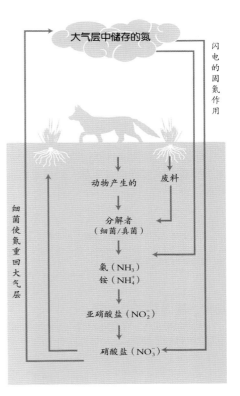

大气层中储存的氮

闪电的固氮作用

动物产生的　废料

细菌使氮重回大气层

分解者（细菌/真菌）

氨（NH_3）　铵（NH_4^+）

亚硝酸盐（NO_2^-）

硝酸盐（NO_3^-）

植物有机体占地球有机体生命的99%，动物有机体所占不超过1%

碳循环

碳是有机化合物的基本组成元素。生物最重要的碳来源是二氧化碳（CO_2），它在空气中占0.04%的比例。

① 二氧化碳通过植物的光合作用进入生物体内。植物通过光合作用形成有机物。此外，植物也通过呼吸作用释放二氧化碳。

② 食草动物消化并利用植物生产的有机化合物。动物呼吸也会排出二氧化碳。

③ 食肉动物食用食草动物时，通过吸收含碳化合物的方式，再次利用了碳元素。食肉动物的呼吸也会产生二氧化碳。

④ 分解者通过呼吸作用释放二氧化碳回到大气层中。

⑤ 人类的生产活动将以碳氢化合物形式存在的地下碳资源燃烧，释放出二氧化碳并回归大气层。

三级消费者

三级消费者是以食肉动物为食的食肉动物。有的食物链有多达五层的营养级。

二级消费者

这些消费者是以食草动物为食的食肉动物。二级消费者只能利用小部分储存在一级消费者体内的化学能。

并不是所有的生态系统的能量都来自太阳。科学家们曾经深入海底，发现了细菌作为初级生产者的生态系统，其能量来源是细菌获取的来自地球内部的热能。这些生物居住在漆黑的、压力很大的极端环境中，环境温度可高达300摄氏度。

100

在生态系统中形成食物网所需的生物种类数量。

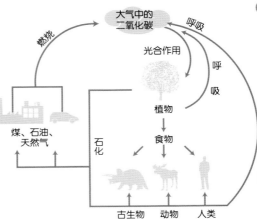

大气中的二氧化碳

燃烧　呼吸

光合作用

呼吸

植物

煤、石油、天然气

石化

食物

古生物　动物　人类

生物多样性

　　热带雨林和珊瑚礁以其瑰丽的外表、极为丰富的物种和庞大的生物数量震撼了人类。有证据表明，一个生态系统中的物种越丰富，这个生态系统对环境变化就有更强的适应力；物种不够丰富的生态系统更容易受外界因素影响（例如气候变化和外来物种）。这对人类来说是一种警示，因为人类活动已经对地球上的生物多样性产生了不良的影响。

物种图册

　　目前仍无法探明地球上生活着多少物种。但热带及附近地区物种最为丰富，越接近两极地区，物种越稀少。

　　此图由德国波恩大学绘制。图上显示的是植物界的主要成员——维管植物（蕨类植物和种子植物）的生物多样性指数。

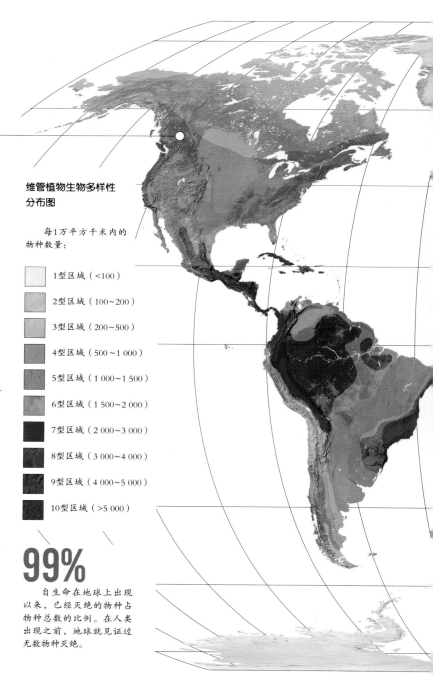

物种、基因和生态系统

　　大部分情况下，生物多样性指物种的丰富程度，但在生态学的其他领域中，这个词有其他含义。

遗传多样性

　　与数量庞大，个体形态丰富的族群相比，与世隔绝的小型族群遗传特征相对单一。缺乏遗传多样性的族群更容易受外界条件变化影响。纯种狗往往更"娇贵"，因为它们是缺乏遗传多样性的父母所繁衍的后代。

维管植物生物多样性分布图

每1万平方千米内的物种数量：

- 1型区域（<100）
- 2型区域（100~200）
- 3型区域（200~500）
- 4型区域（500~1 000）
- 5型区域（1 000~1 500）
- 6型区域（1 500~2 000）
- 7型区域（2 000~3 000）
- 8型区域（3 000~4 000）
- 9型区域（4 000~5 000）
- 10型区域（>5 000）

物种多样性

　　地球上记录在册的物种数量约为150万种，还有大量物种尚未探明。科学家们估计地球总物种数量在1千万种~1亿种之间。物种多样性丰富的生态系统比物种单一的生态系统更能抵御外界影响，具有更强的自我恢复力。

生态系统多样性

　　生物圈由不计其数的生态系统组成。生态系统多样性维持了生物圈的稳定和平衡，并使其对重大变化有更强的抵御力。生态系统的减少使生物圈变得脆弱，更容易受到影响。

99%

　　自生命在地球上出现以来，已经灭绝的物种占物种总数的比例。在人类出现之前，地球就见证过无数物种灭绝。

生态平衡

生物多样性丰富的生态系统比物种多样性不足的生态系统更稳定、更平衡。

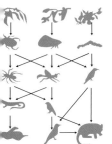

◀ 左侧的图展示的生态系统具有丰富的生物多样性，食物网较为复杂。

右侧所展示的生态系统与左侧的相似，但从食物网的角度而言，因为食物网较为单一，使该生态系统中的物种必须依靠少数几种食物生存，所以比较脆弱。某些生态系统中，所有的物种甚至只能依靠单一的食物。 ▶

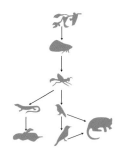

生物多样性

尽管人类活动对生物多样性的影响难以量化，但人类活动是当今生物多样性丧失的主要原因之一。下表展示了在特定的环境中，人类活动的结果是如何影响生物多样性的；同时还展示了这些影响的发展趋势。

环境类型	栖息地变化	气候变化	过度开采	污染
北半球北部山区	↗	↑	→	↑
温带森林	↘	↑	→	↑
热带地区	↑	↑	↗	↑
海岸地区	↗	↑	↗	↑
河流、湖泊和池塘	↑	↑	→	↑

20 世纪中叶造成的影响
影响低
影响中等
影响大
影响极大

当前趋势
↘ 影响降低
→ 影响持续
↗ 影响加大
↑ 影响急速加大

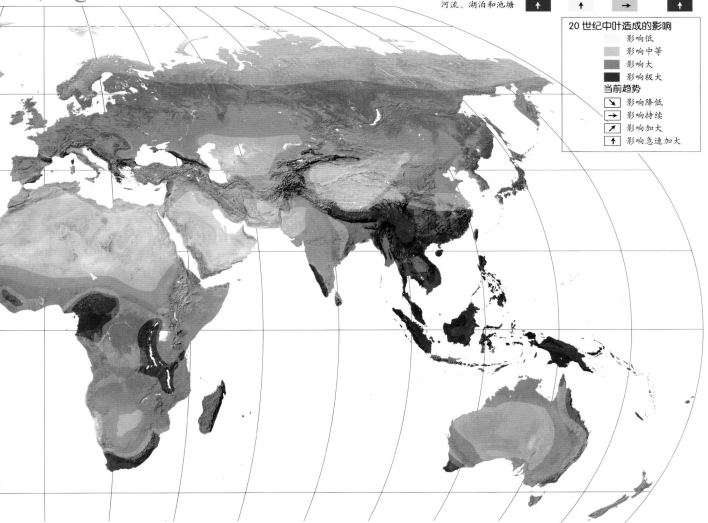

关键物种

食物链顶端的某些物种被定义为"关键物种"，一旦关键物种从某生态系统中消失，将对该生态系统的生物多样性造成重大影响。实验表明，一个曾经由15个物种组成的生态系统，在海星消失后，锐减至8个物种。此生物多样性丧失的原因是海蚌成为了优势物种。起初，海星抑制了海蚌的数量，海星和海蚌捕食相同的物种，因此海蚌可获取食物有限。海星消失后，海蚌失去了竞争对手，数量增加，战胜了其他物种。

一只海星正在捕食一只海蚌。

生物栖息地

地球上各种各样的生物生活在不同的栖息地中。不同栖息地的气候条件和地质条件造就了不同的土壤类型，土壤类型决定了该地区的植物和动物类型。生物群落区是由聚集的生物和环境组成的大型栖息地。陆地和水下都存在着生物群落区。

气候因素

毋庸置疑，气候是影响生物栖息地分布的最重要的因素。风、温度、降水等因素决定了土壤的性质，从而决定了植物的生长，而植物是所有生物群落区的基础。湿润的风被山脉阻挡，导致山脉一侧降水充沛，而另一侧气候干燥。热带的高温在珊瑚礁形成过程中起决定性作用。冬季温度过低可能导致某栖息地的高植株植物就此绝迹，例如北极附近的冻原地区就有这样的现象。气候带来的影响，有的情况下是有利的，有的情况下是有害的。生物要么做出改变以适应环境，如部分生物进化出特殊的结构；要么生物迁移至更适宜的环境中。

栖息地分布情况

生物群落不是任意分布的，决定性因素是气温和水源。温度随纬度上升而降低，水则在低温环境中转化为固体。上述因素对植物和动物有着巨大的影响，因而产生了丰富多样的栖息地类型，既有茂盛的热带雨林，也有荒凉的两极和冻原。

季节性变化

23.5度的地轴倾角和地球绕日公转，导致了南半球和北半球日照的季节性变化。

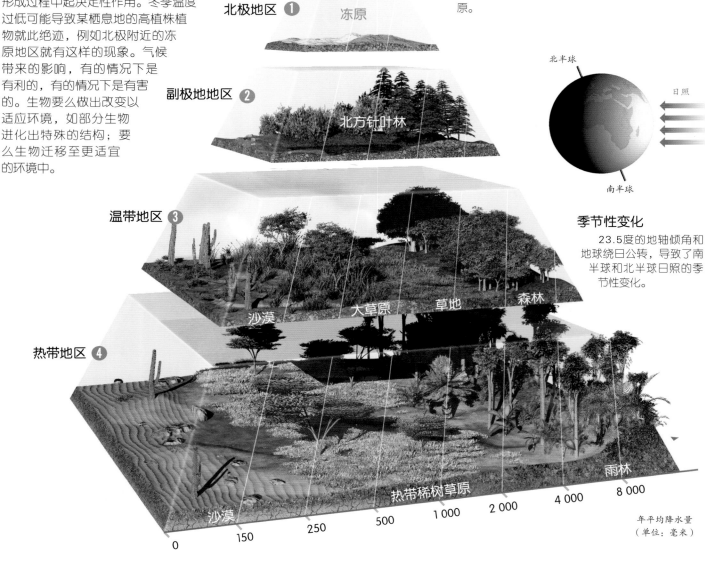

北极地区 ❶   冻原

副极地地区 ❷   北方针叶林

温带地区 ❸

沙漠   大草原   草地   森林

热带地区 ❹

沙漠   热带稀树草原   雨林

北半球

日照

南半球

0   150   250   500   1 000   2 000   4 000   8 000

年平均降水量
（单位：毫米）

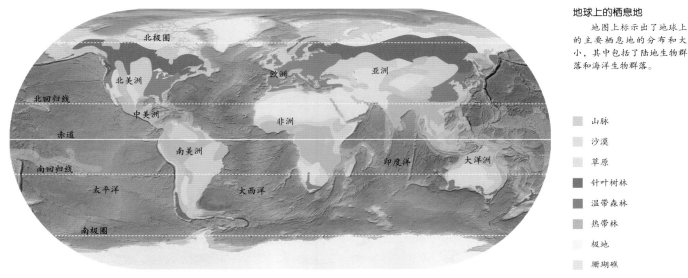

地球上的栖息地

　　地图上标示出了地球上的主要栖息地的分布和大小，其中包括了陆地生物群落和海洋生物群落。

- 山脉
- 沙漠
- 草原
- 针叶树林
- 温带森林
- 热带林
- 极地
- 珊瑚礁

生物多样性

　　每种环境都有能够影响栖息其中的物种的特点。气候情况、地质情况以及共同生活的其他物种需要生物不断适应。物种为适应环境做出的改变决定了其是否能在该栖息地继续生存。带刺的皮肤、温暖的皮毛以及鲜艳的颜色都是动物在物竞天择的过程中发展出的特点。这些特点帮助物种抵御捕食者、恶劣气候以及寻找配偶。这方面的例子数不胜数，例如，名叫虫绿藻的藻类住在某些种类的珊瑚或是其他动物体内，彼此享受到对方带来的好处。还有，牛椋鸟等鸟类以水牛和其他大型哺乳动物皮肤上寄居的螨虫等为食。

沙漠

　　棘蜥，一种来自澳大利亚的蜥蜴。全身，甚至包括头部都用锋利的刺武装起来为该物种提供了必要的保护。棘蜥以蚂蚁为食，通常会在一个地方待很久。

极地

　　北极熊全身覆盖了厚厚的白色皮毛，以抵御北极极低的温度。尽管已经适应了环境，北极熊在冬天仍旧很少活动。它们会躲进洞穴里冬眠，靠身体储存的大量脂肪维持生命。

珊瑚礁

　　黑边小丑鱼居住在热带太平洋里，与另一种生物海葵有着奇妙的联系。海葵允许小丑鱼在其触手中进食以及休息。为了回报这种保护，小丑鱼帮助海葵保持清洁。因为两个物种都从这种奇妙的联系中获益，所以这种关系称为"共生"。

热带森林

　　作为自我保护的方式，很多青蛙都会分泌能导致对手麻痹甚至死亡的毒液。鲜艳的颜色往往就代表了它们分泌的毒液的可怕程度。鲜艳的外表让青蛙能够在森林中来去自如，躲避敌人的捕食。这种具有警戒效果的色彩被称为"警戒色"。

物种数量

　　赤道附近，太阳常年垂直照射，持续高温。降雨充沛和持续高温为生物提供了最佳的气候条件。热带雨林是物种最为集中的地方。由热带向两极方向扩展，物种数量越来越少。

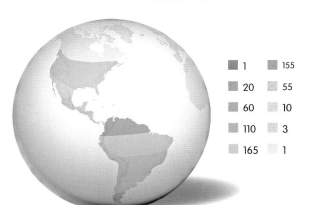

- 1
- 155
- 20
- 55
- 60
- 10
- 110
- 3
- 165
- 1

热带蜂鸟

　　蜂鸟原栖息于西半球。热带雨林的高温和高湿使这种鸟极富多样性。厄瓜多尔境内居住着约150种蜂鸟。

陆地生物群落

温度和湿度决定了土壤的适宜程度，土壤是维持栖息地活力的基础。土壤同时也对生活在其上的动物和植物种类有着直接的影响，并因此影响着这些动物和植物适应环境的能力。地面上的生物群落区主要分为森林（温带森林、针叶林和热带森林）、草地、山区、沙漠以及极地地区。

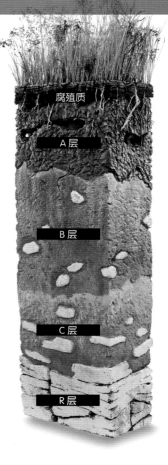

土壤层

土壤对生物群落区的形成起着至关重要的作用。土壤每层的比例和组成成分会直接影响植物的生长。生物群落区中的植物类型决定了能生活在其中的动物类型。有的土壤由许多层组成，有的仅由部分土壤层组成。比如说，沙漠地区的土壤缺少草地土壤具有的腐殖质顶层，它的顶层往往被一层钙盐覆盖。

腐殖质
A层
B层
C层
R层

动物数量统计

由同一物种的动物组成的族群会在特定的地方生活。动物族群的关键特征是个体数量、出生率、死亡率、年龄分布以及空间分布。有时，两种甚至多种物种可以和平共享同一栖息地。稀树草原上的草原动物们就是这样的。

土壤

土壤是生命的基础。植物从土壤中获取生长所需的矿物营养和水分。特定的栖息地的气候和生物条件塑造了不同类型的土壤。土壤层的组成不同也会导致土壤变化，产生特定的矿物质和有机物的混合物。

长颈羚

能吃到距离地面3米高的叶子。

长颈鹿

利用其独特的身高优势，以高大的刺槐树的嫩叶为食。

斑马

以较高、柔软的嫩草为食。

角马

以草和豆荚为食。

合作

非洲稀树草原上的植食性动物不相互竞争。它们以不同的植物或同一植物不同的部分为食，从而保护草原植被。另外，这些植物因被密集食用也产生了特别的抵抗力。

小羚羊 以离地高度不超过1.5米的灌木叶子为食。

瞪羚和转角牛羚 以其他动物吃剩的缺乏汁液的植物茎部为食

森林垂直分层

森林生物群落区垂直分为数层。温带森林主要分为草本植物层、灌木层和树木层。热带森林中与之对应的是地被层、林下层和林冠层。热带森林的最上层被称为露生层，可达75米高。每一层都有特有的植物和动物。森林的主要生长动力就是争夺阳光。热带森林林冠层的藤本植物和附生植物就是上述争夺的体现。接近地面的位置阳光较少，植被由凋落的树叶和枝干组成。其他生物如真菌和寄生植物通常在这些腐烂的树叶和枝干环境中生长。

落叶林

温带森林里的树冬季落叶，春季长出新的叶子。

气候

年平均温度随海拔变化，在24摄氏度~31摄氏度之间。相对湿度在60%~80%之间。

土壤

由腐烂物质组成的一层厚厚的肥沃的土层，是无脊椎动物和其他生物的栖息之所。

植被

由数百种树组成的名副其实的"能源工厂"。

极端条件地区

极寒以及降水稀少所导致的水资源匮乏，使栖息地缺乏植被。动物也很难存活。在极地地区，极低的温度使物种数量稀少，但族群个体总数并未因此减少。另一个例子，为了在缺水的沙漠存活，生物进化出专门的适应机制（比如仙人掌的储水能力）。这些植物通常会进化出刺，从而帮助它们提高节水效率。

北极和冻原

在气候太冷、冬季太长的地区，北半球的针叶林被冻原取代，北极周围形成广阔的没有树的地带。

气候

风速可达每小时48千米～每小时96千米，年平均温度为零下14摄氏度。

土壤

除了有动物粪便的地方，其余大部分土壤贫瘠，缺乏营养和矿物质。

植被

仅有几种，包括草、苔藓植物、地衣和稀灌木丛。

沙漠

水蒸发量大于降雨量的地区会出现沙漠。

气候

降水稀少——年降水量不超过150毫米。温差大，黑夜和白天的温差能高达30摄氏度。

土壤

沙漠土壤贫瘠，顶层有机物含量低。

植被

代表性沙漠植物仙人掌已经进化出储水系统以及深扎地下的网状根系，可以吸收断断续续的降雨带来的水分。

侵蚀作用

风、雨和化学反应侵蚀沙漠，产生了各种结构，包括深谷、孤立的山丘、拱门和河沟。

永久冻土

冻原的地下土层可以保持冰冻状态长达两年以上。在最冷的地带，冻土连成一片。而在平均温度略低于0摄氏度的地带，冻土间出现隔断，或是呈零散分布状。

连绵　　　零散分布

断断续续　单独存在

森林

在适宜的光照和湿度条件下，生长迅速、密集程度高的树林就形成了森林。这些森林中居住着与温度相适应的复杂生物群落。由所处地带划分，森林可被分为温带森林、北方针叶林和热带雨林。温带森林主要分布在北半球；热带雨林主要分布于赤道附近；北方针叶林分布于冻原以南，是地球上最年轻的生物群落区。温带森林里的树木既有常绿树种，也有落叶树种。

热带雨林

分布在赤道附近，热带雨林里的树木会不断生长，且种类繁多。

气候

全年温暖潮湿。

土壤

地面的落叶形成一层腐烂植物层，在环境作用下迅速矿化。氧化土是主要的土壤类型之一，因为含有铁和铝的氧化物而呈红色。

植被

拥有最为丰富的树木种类。这些树木通常都有修长的树干。树冠能达到75米的高度。树冠的叶子为森林中的动物遮风避雨。

北方针叶林

针叶树是通过球果繁殖的树，能够度过寒冬，针叶林通常茂密而具有保护性。

气候

冬季温度通常为零下25摄氏度，有时能降至零下45摄氏度。

土壤

由于被一层厚厚的针叶覆盖，所以呈酸性。

植被

由于土壤呈酸性，以及透射到地面的阳光稀少，所以植被有限。

水生生态系统

　　生命离不开水。水生生态系统，无论是海洋生态系统还是淡水生态系统，占据了大部分地球表面。海洋容纳了超过13.5亿立方千米的水，足够把整个欧洲淹没在5千米深的水下。海洋的作用就像一个巨大的锅炉，将来自太阳的热量传送到地球上的每个角落。淡水生态系统则供给生物饮用水、灌溉用水以及人们的生活用水。

淡水

　　淡水含盐分低——通常低于1％。淡水生态系统孕育着约700种鱼类、1200种两栖动物和各类软体动物及昆虫。淡水生态系统中生活的动植物类型受以下因素影响：水中所含化学成分、氧气、水流强度以及周期性干旱的时间点。淡水生态系统可以分为两大类：静水生态系统（如湖泊、池塘和湿地）以及流水生态系统（如溪流和江河）。

被淹没的地面

　　海洋的平均深度是3 795米，最深的地方是位于马里亚纳海沟的挑战者深渊，深度为海平面下10 916米。该深度超过了地球表面最高的山峰珠穆朗玛峰的高度（8 844米）。

最深的地方
挑战者深渊（马里亚纳海沟）深10 916米

地面平均海拔
2 400米

最高的地方
珠穆朗玛峰
高8 844米

海岸

　　海陆交汇之处，丰富的养料孕育了独特的生物群，其生物多样性的丰富程度远超离岸较远的海洋区域。由于不断受海浪、含有砂砾的沿岸流以及潮汐侵蚀，海岸的外形不断发生变化。潮水水位低的时候，生物会做出相应调整，避免脱水。例如海葵就会收起触角，使自己看上去像一堆凝胶状的突起物。部分海岸地区生长着外形奇特、色彩绚丽的珊瑚礁。

水循环

　　水通过降雨等进入地面某个地区，又通过蒸发回到大气层。部分水渗透到地下，其余的水汇聚到各水体中。

2 降水
空气冷凝形成水滴或雪花。

1 蒸发与冷凝
上升空气冷却，所含水蒸气冷凝形成云。

3 循环以及重回海洋
降水形成的湖泊和河流会重新流向大海。

板块运动

　　约2.5亿年前，地球表面上只有一块大陆，这块大陆被水环绕，称为泛古陆。泛古陆后来分为数块构造板块。构造板块缓慢漂移，重塑了大陆与海洋的格局。各板块间的边界处在不断变化之中。板块的边界处，两板块可能处于互相分离中，也可能处于相向运动中。

海盐的性质

海盐由钠、氯、硫、镁、钾和钙离子混合物组成。这些物质有的来自河流，河流将岩石溶解出的物质带入大海；另一部分来自海底的热泉喷口；第三种来源是由风运输而来的火山灰。这些混合物质可以在海中停留数世纪甚至数百万年之久。

盐水

海洋的平均盐度约为35‰，海洋表面的盐度波动很大。降雨和江河汇入时会降低海洋盐度；而从海洋中带走水分的过程，例如蒸发，则会提高海洋盐度。

盐的种类

除氯化钠之外，海水还含有其他种类的盐，例如，硫酸盐和镁、钙、钾的氯化物。

- 2.5% 其他盐
- 4.4% 石膏
- 15.8% 锰盐
- 77.3% 氯化钠（岩盐）

强大的浮力

在封闭的水体中，例如死海，由于盐分太高，物体很难沉没。

水下压力

水下，深度每增加10米，水压增加约1个大气压。这一现象对水下科考工作者来说是一大挑战，他们在上浮过程中必须慢慢减压。

海洋垂直分层

有的生物生活在海洋表面或水下靠近表面的位置，这些位置具有最佳光照条件和温度条件。这些生物被称为漂浮生物。海洋被垂直分为4层——透光层、无光带、深海以及超深渊。每一层都对应着特定的光照强度和温度，也决定了生活在其中的生物为适应环境进行的特定改变。深海以及超深渊的生活环境最为艰苦，食物非常稀少。居住在这两层的动物为了身体不被挤压，需要在体内保留液体。在约6000米的深度下，深海热泉喷口附近的海沟上生存着奇特的鱼类，它们能够忍受周围极高的水压。

密度

与其他物质的情况不同，液态水的密度大于冰（固态水）。水蒸气（气态）密度最低。

海平面
1大气压

水下10米
2大气压

水下20米
3大气压

- 气态（水蒸气）
- 固态（冰）
- 液态（水）

水

- 气态
- 液态
- 固态

其他物质

珊瑚礁

珊瑚礁出现在北回归线和南回归线之间热带地区的温暖的浅层海水里，它们的出现距今已超过4.5亿年。珊瑚礁是名副其实的海底"热带雨林"。珊瑚礁生态系统中的生物涵盖了将近三分之一的海洋物种。珊瑚虫分泌的碳酸钙形成珊瑚岩，珊瑚岩是珊瑚礁的主要组成物。

海葵

这种独居的珊瑚虫长有可伸缩的带刺的触手，用以自卫以及捕获猎物。世界上有超过800种海葵。尽管能够在海底蠕动，但大部分海葵固着在岩石表面后就不再移动了。

保护珊瑚礁

珊瑚岩至少需要20年才能长到足球大小。全球变暖是珊瑚礁大范围退化的主要原因。旅游业和工业污染也威胁着珊瑚礁的生存。

强力毒素

尽管这种章鱼个头很小（不足20厘米），却是世界上最危险的头足类动物，足以致人于死地。这种章鱼向水中释放剧毒唾液，使猎物昏迷并趁机捕捉。它也可以通过致命一咬，将毒液注入对方体内。当它被惊扰时，身上的蓝色圈会变得更加鲜艳。

绵延的屏障

这个堡礁和海岸之间被一个盐水礁湖隔开。它是由聚集的珊瑚虫所分泌的坚硬碳酸钙外骨骼形成的。珊瑚虫数量增加，该堡礁也随之变大。

小蓝圈章鱼

珊瑚礁的种类

海洋中有60万平方千米的珊瑚礁。达尔文于1824年将这些珊瑚礁分为岸礁、堡礁、环礁三大类。岸礁生长在大陆架海岸线附近的浅水中，是最复杂的水生生态系统的载体。堡礁与大陆之间被浅盐水礁湖分割开，有的盐水礁湖水深而广。澳大利亚的大堡礁就属于堡礁。环礁，如大溪地环礁，是环形的珊瑚礁。环礁由围绕火山岛的岸礁变化而来，由于海平面上升或火山岛下沉，火山沉没，岸礁继续生长，最后露出水面的部分只有环形的珊瑚礁。环礁通常离大陆很远。

珊瑚礁中的生命

除了珊瑚虫之外，珊瑚礁里居住着五彩缤纷、数量丰富的物种（例如鱼、乌龟、海星、巨蛤、海蜗牛、章鱼、海绵、管状蠕虫、海胆、海葵等），这些栖息者建立了复杂的关系网。很多动物无需竞争相同猎物，因此可以共同生活。珊瑚礁上有无数的小角落，为捕食者和猎物提供栖身之地。珊瑚礁中的所有食物来源都通过食物链再生。除了承担着食物链底端的角色，生活在珊瑚虫身上的极小的单细胞藻类（如虫黄藻）也生产珊瑚礁形成所需的石灰石。

堡礁

又称"离岸礁"，在距岸较远的浅海中成带状分布。

共生现象

共生现象是指不同的生物密切协助共同生存。互利共生是指两种生物都获利的共生方式。尽管在各类栖息地中，都有共生现象存在，但海洋沿岸区域的共生现象最为普遍。珊瑚礁中的常见共生例子是小丑鱼和大型海葵的共生。小丑鱼表面覆盖了一层黏液，不受海葵刺细胞的伤害。海葵的触须保护小丑鱼不被捕食，小丑鱼吃掉海葵表面积附的有害物质，达到清洁的效果。

致命的刺

这种危险的捕猎者用其胸鳍上的毒刺攻击猎物。狮子鱼的捕猎对象不仅有小虾和蟹，还包括很大的鱼。

珊瑚是什么

珊瑚是一种微生物的骨骼遗骸堆积物。这种微生物直径不到5毫米，为管状珊瑚虫。它们通过坚硬的基盘使自己附着在下一层上。每个个体都连接到一种叫共肉的结构上，由共肉分泌碳酸钙形成珊瑚礁。珊瑚礁有许多种形状，有的像树，有的像蘑菇，还有的像花朵。

狮子鱼
（蓑鲉）

小丑鱼
（眼斑海葵鱼）

桶状海绵

黄管海绵

炉管海绵

温室效应

　　大气层中的某些气体能够将地球反射的太阳辐射留在大气层中，这样导致了地表和大气层升温，这就是温室效应，又称"花房效应"。现在只要提到温室效应，就可能引发人们焦虑，因为许多人认为温室效应正是全球变暖的主要原因。在口诛笔伐声中，人们往往忽视了温室效应的积极作用，如果温室效应不存在，地球将会是没有生命栖息的冰天雪地。

神奇的气体"天花板"

　　地球从太阳获取热量。一部分热量被地球表面反射回到太空中，大气层中的温室气体阻碍了部分散失的热量，并将这些热量返还给地球。这些气体帮助地球表面和大气层最底层（对流层）升温。

零下 **22** 摄氏度

温室效应不存在的情况下，地球的平均温度。此外，昼夜温差也会加剧。

1 绝大部分太阳辐射畅通无阻地穿过大气层，到达地球表面。

反照率
　　根据地球的反照率（入射辐射与反射辐射的比率）计算，到达地球的太阳辐射有30%被反射回太空。

大气层

温室气体

3 大部分地球反射的太阳辐射都被温室气体反射回地球表面。这一现象导致地表和大气层进一步升温。

2 云朵、水和土壤吸收部分太阳辐射，并因此升温。另一部分以热量的方式被反射回太空（红外辐射）。

4 红外辐射（热量）被多次反射，不断加热地球表面。每次反射后加热效率都会降低。

地球表面

碳循环

碳元素与氧元素结合形成二氧化碳，它是主要的温室气体，科学家们着重研究了自然界中碳是如何循环的。此外，碳也是生物的基本组成部分，在生物圈中不断发生转换。

0.385‰

该数据为2008年时，大气层中的二氧化碳浓度。该数据为42万年以来的最高值。甚至有一部分专家认为，该数据为两千万年以来的最大值。

该图展示了参与碳循环的大概碳总量，单位为百万吨。

大气层：750
92
海洋和大气层间的交换
地表水：1020
90
海洋生物：3
中层水和深层水：28 000~40 000
92
地表水和深水间的交换
100
表面沉积碳：150
溶解有机碳：700

化石燃料排放：5.5
使用化石燃料进行生产：4000
121
植物生长、死亡以及土壤呼吸
地面与空气间的交换
60
土壤：1 580
地面植物：540~610
火灾
0.5
土地利用
1.5
油气藏：300
煤藏：3000
海洋中的岩石与沉积物：66 000 000~100 000 000

人类活动的作用

如今，人们认为，大气中温室气体浓度上升导致气候变化。温室气体的上升主要由人类活动导致。

温室气体

温室气体的一半都是二氧化碳，除二氧化碳外，按含量多少排序依次是甲烷、一氧化二氮以及氯氟烃等。各气体占比如下图所示。

二氧化碳

二氧化碳由生物分解或燃烧等自然产生。然而，在过去的250年里，人类活动，尤其是工业活动、森林砍伐和大量使用化石燃料，使二氧化碳浓度急剧上升。

甲烷

甲烷是生物在厌氧分解过程中自然产生的，是最简单的碳氢化合物。厌氧分解是指细菌在无氧条件下进行的生物分解。

含氯氟烃

这些人工合成的化合物被用于工业领域，尤其是冰箱制造业。尽管这些化合物对人体无害，但它们对臭氧层有极大的破坏作用。臭氧层能保护地球不受太阳有害辐射的影响。

低空臭氧

平流层臭氧可以防护来自太阳的辐射。地球表面附近的臭氧（低空臭氧），由工业生产和化石燃料燃烧产生，则会造成空气污染，并加强温室效应。

氮氧化物

工业生产和燃烧化石燃料过程中产生的气体。

气候变化

全球平均气温正逐年上升已是不争的事实，而由此带来的影响也愈发显著。除此之外，大气层中温室气体的浓度上升至数千年来的新高。人类活动是不是上述现象的成因？人类应该为上述气候变化负责吗？这些问题的答案，决定着应该采取何种措施减轻全球变暖所带来的影响。

为什么地球会变暖？

尽管有大量证据表明人类活动对大气层的构成会造成影响，但人类活动对全球变暖的影响程度尚不明确，甚至连两者之间是否具有直接关联都有待论证。关于全球变暖，人们需要研究许多因素。

地球的轨道正缓慢地发生着变化，该变化带来的重大影响之一就是地球所经历过的冰河时期。但这一变化对当前气候的影响仍是未知的。

0.5 摄氏度

不到两个世纪前，人们意识到全球平均气温上涨并开始监控，直至今日上涨幅度为0.5摄氏度。

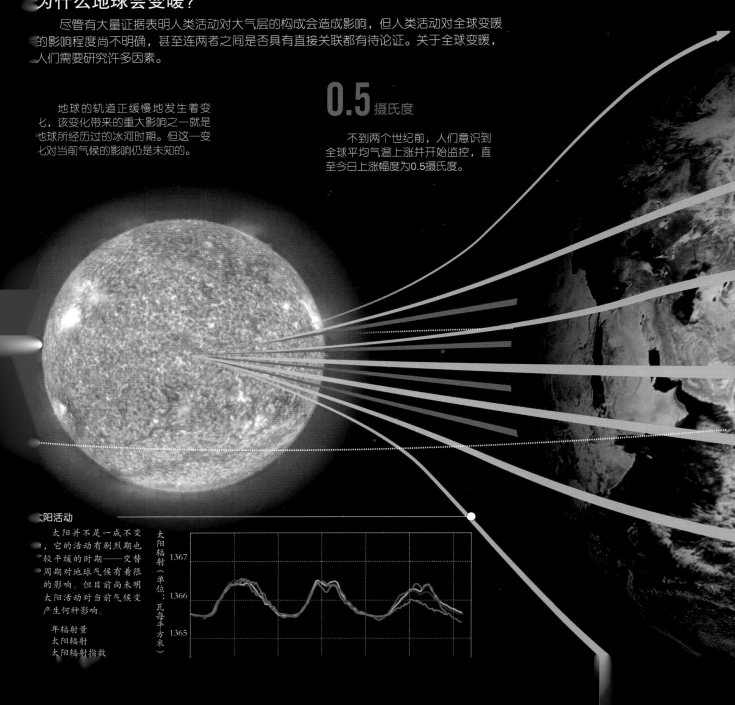

太阳活动

太阳并不是一成不变的，它的活动有剧烈期也有较平缓的时期——交替周期对地球气候有着很大的影响。但目前尚未明确太阳活动对当前气候变化产生何种影响。

年辐射量
太阳辐射
太阳辐射指数

太阳辐射（单位：瓦每平方米）
1367
1366
1365

120 000 年

最近的一次大冰河期开始的时间距今已
12万年，于1万年前结束。有的研究者认为
目前气候变暖与冰河期结束，地球进入相对
温暖的时期有关。

反照率

地球上的冰将大部分来自太
阳的光和能量反射回太空中。地
球上冰覆盖的面积缩小后，反照
率降低，地球吸收的能量变多，
地表变得更温暖。

地球的磁场

地球的磁场在不断变化。历
史上，地球的磁极发生过倒转，
甚至位置转移到赤道。地球磁场
的变化会间接影响到气候，因
为地球磁场的变化会影响太阳
风——太阳向地球射出的带电粒
子流。地球磁场变化与当前气候
变化的关系尚未明确。

磁北极　北极　地理北极

磁力线

南极

磁南极

地理南极

温室气体

地球上的生物无法离开
温室气体生存。但温室气体
的浓度上升却可能是导致全
球平均气温上升的原因。人
类活动已经导致二氧化碳浓
度攀升至数千年、甚至可能
是数百万年来的新高。

工业排放

工业能源大部分由燃烧化
石燃料提供。燃烧产生的大量
温室气体直接进入大气层。

采伐森林

采伐森林会导致整体生
物量下降，自然界吸收二氧
化碳的能力削弱，最终导致大
气层中温室气体浓度升高。

交通工具

目前，世界上的交通工
具大都使用石油燃料，所排
放的气体成为大气中的二氧
化碳的主要来源。用生物燃
料替代石油并不能减少该排
放量。

通过研究化石，能够获

臭氧层洞

一层肉眼不可见的，含有臭氧分子的气体强力保护着地球不受太阳有害辐射的影响。然而每年春天，极地地区，尤其是南极臭氧浓度急剧下降。尽管一开始人们认为这种现象是自然循环的一部分，科学家们却发现合成气体可能是导致"臭氧层洞"现象加剧的元凶。过去数十年来，臭氧层洞现象引起越来越多人的担忧。

稳定的防护盾

保护地球免受紫外线辐射的臭氧层位于地球表面上方10千米~50千米的高度。低空臭氧是环境污染产物，可能会对植物和动物产生危害。

太阳

臭氧层

过滤紫外线的能力

臭氧能过滤掉绝大部分来自太阳的短波及中波紫外线辐射，并将此辐射转化为热量。如不经臭氧层过滤，该辐射能杀死微生物、损伤动植物并引发人类患癌症。

无尽的循环

来自太阳的紫外线辐射接触臭氧分子使臭氧分子分解，生成高活性氧，它们又重新形成臭氧。这一过程会释放热量。

春季危机

每年春季，南极洲的大气臭氧浓度都在急剧下降，因此穿过大气层的紫外线辐射量变高。臭氧层会在夏季恢复。

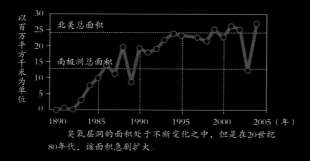

臭氧层洞的面积处于不断变化之中，但是在20世纪80年代，该面积急剧扩大。

臭氧层洞的变化

这一系列的图片展示了每年9月期间南极洲上空臭氧层洞的面积变化。

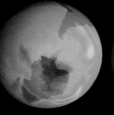

1979

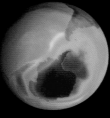

1982

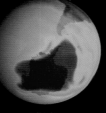

1985

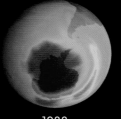

1988

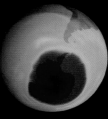

1994

30 000

每个氯原子能破坏的大气层中的臭氧分子数。

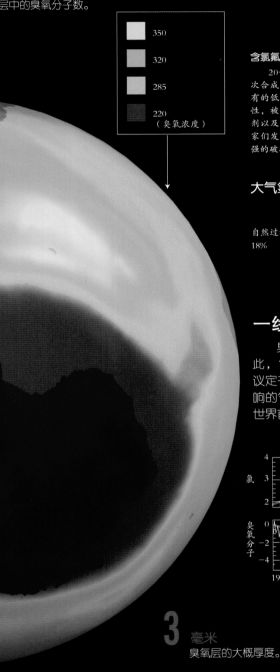

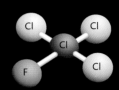

350
320
285
220
（臭氧浓度）

致命影响

尽管人们认为臭氧层变薄、空洞是自然原因造成的，但科学家们很快发现，排放某些工业合成气体对臭氧层有着极强的破坏性。

含氯氟烃

20世纪30年代，含氯氟烃被首次合成。很多年来，含氯氟烃所具有的低毒性，以及物理和化学稳定性，被视作是理想的制冷剂、灭火剂以及气溶胶喷射剂。但随后科学家们发现，含氯氟烃对臭氧层有极强的破坏作用。

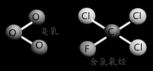

大气氯离子的来源

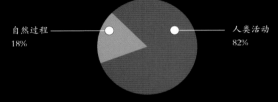

自然过程
18%

人类活动
82%

一线希望

臭氧浓度急剧下降，为世界敲响了警钟。为此，191个国家签署了《蒙特利尔议定书》。该议定书规定签约各国需要减少会对臭氧层造成影响的气体的排放。该议定书的签署，被视为是全世界首次成功地联手保护环境。

北纬60度-南纬60度

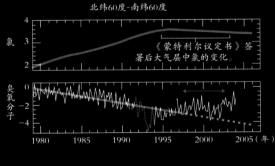

《蒙特利尔议定书》签署后大气层中氯的变化。

臭氧层被破坏的过程

1. 高空中臭氧分子与含氯氟烃大量共存。

   臭氧　　　含氯氟烃

2. 紫外线破坏含氯氟烃分子，使其释放出氯原子。

   紫外线

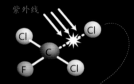

3. 氯原子非常活泼，破坏臭氧分子并与其中一个氧原子结合。

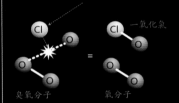

   一氧化氯

   臭氧分子　　＝　　氧分子

4. 大气层中的游离氧原子也非常活泼，与一氧化氯发生反应生成氧气和游离的氯原子，氯原子再次进入游离状态

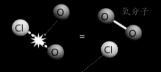

   ＝　　氧分子

5. 游离氯原子与新生成的臭氧分子发生反应，重复上述过程。

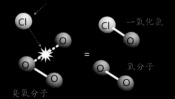

   一氧化氯

   臭氧分子　　＝　　氧分子

3 毫米

臭氧层的大概厚度。

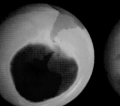

1998

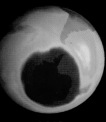

2000

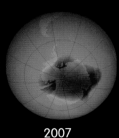

2001

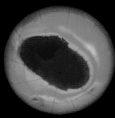

2007

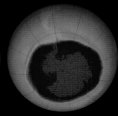

2010

2015

闪电

闪电是云体中积攒的大量电荷的产物。闪电出现会伴随着巨大的轰隆声——雷——声能释放的产物。

第四章

天气与气候学

地球的气候系统由太阳以及5项要素——大气层、生物圈、水圈、冰冻圈和岩石圈共同驱动。这些子系统与温度、降水、风等互相作用，共同决定了地球上每个区域的气候。

气候系统的能量平衡

太阳辐射传来大量能量，为地球绝妙的气候系统提供了动力。复杂的气候系统由大气层、水圈、岩石圈、冰冻圈和生物圈组成。这些都不断通过交换物质和能量进行互动。已经发生的、正在进行的以及未来出现的天气和气候现象，都是地球气候系统的产物。

风

大气层中的空气在不断运动。热量促使大量空气移动，形成了大气环流。

大气层

来自太阳的部分能量被大气层吸收。剩余的能量，一部分被地面吸收；一部分以热量的形式被反射。温室气体阻碍热量释放到太空中，导致大气层温度上升。

生物圈

生物（比如植物）会对天气和气候造成影响。生物是生态系统的基础，生态系统消耗矿物质、水以及其他化合物。生态系统为其他子系统提供原材料。

降水

大气层中的水冷凝形成雨、雪等，重力导致它们降落到地球表面。

蒸发

地球各水体蒸发使大气层中的水蒸气量维持在正常范围内。

约 **10%**

热带雨林的反照率。

热量

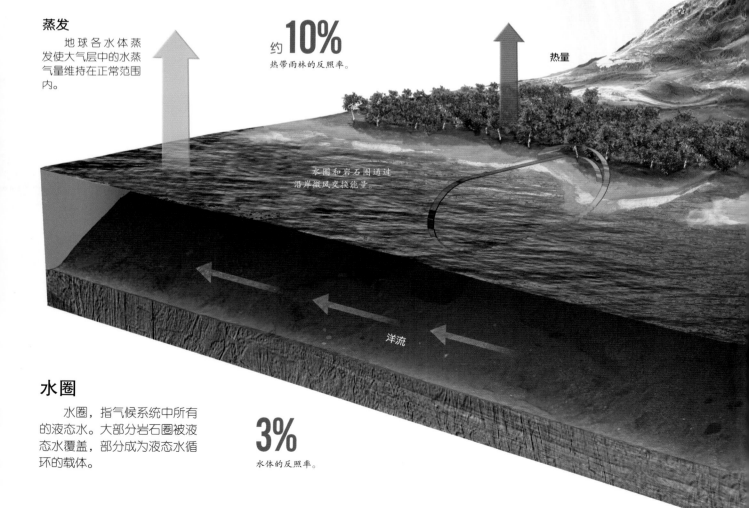

水圈和岩石圈通过沿岸微风交换能量。

洋流

水圈

水圈，指气候系统中所有的液态水。大部分岩石圈被液态水覆盖，部分成为液态水循环的载体。

3%

水体的反照率。

太阳辐射

射向地球的太阳辐射的50%能够到达地球表面，一部分被大气层各层吸收。大部分太阳辐射穿过大气层，在各子系统中循环。还有一部分能量流失到太空中。

太阳

是气候活动不可或缺的因素。子系统吸收、交换、反射到达地球表面的能量。举例来说，生物圈通过光合作用吸收太阳能，并促进水圈活动。

冰冻圈

冰冻圈是地球上被冰雪覆盖的地带。土壤或岩石温度低于0摄氏度的地方就有多年冻土。上述地区能反射几乎所有的光线。冰冻圈在海洋循环中起重要作用，它能调节海洋温度以及含盐度。

反照率

被各气候子系统反射的太阳辐射百分比。

50%

较薄的云层的反照率。

太阳辐射

80%

新降的雪的反照率。

岩石圈

岩石圈是地球表面固体层的最外层。其不断形成、不断受损的过程改变了地球表面，并能对天气和气候带来重大影响。举例来说，山脉能成为风和水气的阻碍物。

热量

人类活动

烟尘

逸入大气层中的颗粒能保存自身热量，并成为降水所需的凝结核

回到大海

地下水循环

地下水循环是因重力形成的来自水圈的水渗透到岩石圈中，并在其中参与循环，最终进入大型水体，如湖泊、河流以及大海等。

火山灰

火山灰成为土壤肥料，为植物带来养分。火山爆发还阻挡了阳光，从而减少了地球吸收的太阳辐射量，使大气层冷却。

太阳能

臭氧层

大气层

温室效应

大气层中的某些气体能有效保存热量。接近地面的空气层像盾一样保护着地表的温度，使生命得以生存。

平流层顶

对流层顶

对流层顶

平流层顶

气候区

地球上的不同地区，即使是相距很远的数个地区，都可能被划分为相同的气候区。气候区是温度、压力、降水和湿度等气候要素相近的区域。

平原和城市

人类居住区

肥沃的土壤，稳定的气候

果树

野生灌木丛

农业区域

落基山脉

哈得孙湾

北美洲

阿巴拉契亚山脉

冰冠

15 摄氏度
地球的年平均温度。

温带

温度宜人，全年降水适量。冬季无严寒，霜期短暂。温带是大多数农作物最适宜生长的气候区。

休斯顿，美国
年降水量1 170毫米

毫米

摄氏度

1 000

500

250

40

20

-20

1 2 3 4 5 6 7 8 9 10 11 12 （月）

中美洲

太平洋

大西洋

热带

全年高温，降雨充沛。地球上约一半的人口居住在热带地区。此外，植被丰富。由于空气中的水蒸气不会被迅速吸收，所以湿度很高。

热带雨林或丛林
热带水果和花

充足的水源

被植被覆盖的肥沃土壤

分层植被

安第斯山脉

亚马孙盆地

南美洲

潘帕斯地区

巴塔哥尼亚

玛瑙斯，巴西
年降水量1 900毫米

毫米

摄氏度

1 000

500

250

0

40

20

0

-20

1 2 3 4 5 6 7 8 9 10 11 12 （月）

沙漠
间歇水源

沙丘

稀疏的植被

温度和降雨

地球的温度大多来自太阳的能量，不同的纬度所接收的能量不同。仅有5％的能量能到达两极地区，而到达赤道地区的比例则高达75％。雨是一种大气现象。云中的水滴不断变大，直到气流无法支撑其重量，从而以降雨的方式落到地面。

干燥

沙漠和半荒漠地区的干旱气候是由缺乏降雨导致的，是大气环流的结果。在这些地带，热空气上升，天空明朗，日照时间非常长。

森林和湖泊

针叶树林

落叶林

刺柏灌木丛

湖泊

莫斯科，俄罗斯
年降水量624毫米

毫米　　　　　　　　摄氏度

寒带

　　寒带地区冬季非常寒冷，夜间经常结冰。寒带气候变化最为频繁。这些地区的地面通常有野生植被覆盖。

西伯利亚

西伯利亚平原

极高山地气候

　　山地会形成独有的气候。极高山地地区气候温度很低，风力强劲，刮风没有规律，几乎终年被雪覆盖。山顶没有植被。

东欧平原

欧洲

不尔卑斯山

黑海

里海

亚洲

喜马拉雅山脉

山上的终年积雪

苔原和针叶林

稀疏的针叶林

地衣

撒哈拉

阿拉伯半岛

刚果盆地

印度洋

非洲

6.5 摄氏度
海拔高度每升高1 000米，温度下降的数值。

大洋洲

吉布森沙漠

拉萨，中国
年降水量408毫米

毫米　　　　　　　　摄氏度

干燥的土壤

沙

柯本气候分类法

　　1936年，德国气候学家弗拉迪米尔·柯本提出了以温度和降水为指标的气候分类法。右图展示了地球上大概的气候分布情况。柯本气候分类法不研究气候区，而是根据特定的参数，判断某个地区所属的气候分类。

廷巴克图，马里
年降水量232毫米

毫米　　　　　　　　摄氏度

纬度

图例

热带森林，无旱季

热带稀树草原，冬季干旱

草原（半干旱）

沙漠（干旱）

温带，潮湿，无旱季

温带，冬季不旱

温带，夏季干旱

苔原

冰河

山地气候

温带寒冷大陆气候（夏季炎热）

温带寒冷大陆气候（夏季凉爽）

温带寒冷大陆气候（亚北极）

大气动力学

大气层是一个动态系统，受温度变化以及地球运动而产生水平和垂直的气流。大气层中的空气在赤道和两极之间不同纬度的水平带中循环。此外，地球表面的形状也会改变气流方向，导致不同地区空气密度不同。上述现象影响着地球的气候。

地球自转

赤道

科里奥利效应

科里奥利效应是指物体在旋转坐标系中运动时路径发生明显偏移的现象。由于地球在自转，科里奥利效应使地球表面的风的轨迹发生了偏转。在北半球，风向向右发生明显偏转，在南半球则向左。限于地球自转速度，科里奥利效应仅能在大规模的气流运动中被观察到。

高低压

温暖的空气上升，使其下方形成低压区域；空气冷却下降后，形成一个高压区域。气流从反气旋区域向气旋区域移动，形成风。温暖的空气向上移动后形成云。

费雷尔环流

大气环流沿路径向两极运动，到达北纬60度以及南纬60度。

热带辐合区

信风

来自赤道的风。

➖ 低压区域

➕ 高压区域

高速气流

1
大量冷空气下降，阻止云的形成。

6
大团冷空气失去流动性。

5
空气上升形成云。

3
从高压区域吹向低压区域的风。

A

B

2
下降空气形成高压区域（反气旋）

4
温暖空气上升，形成低压区域（气旋）

影响大气环流的因素

地球表面不规则的地形、温度的剧烈变化以及洋流带来的影响，都能改变大气环流。上述情况能使气流产生波动，而气流通常与气旋区相连。风暴正是在这些气旋区中形成的，所以科学家们对气旋区怀有浓厚的兴趣。研究气旋，必须同时研究反气旋，因为气旋的气流来自反气旋。

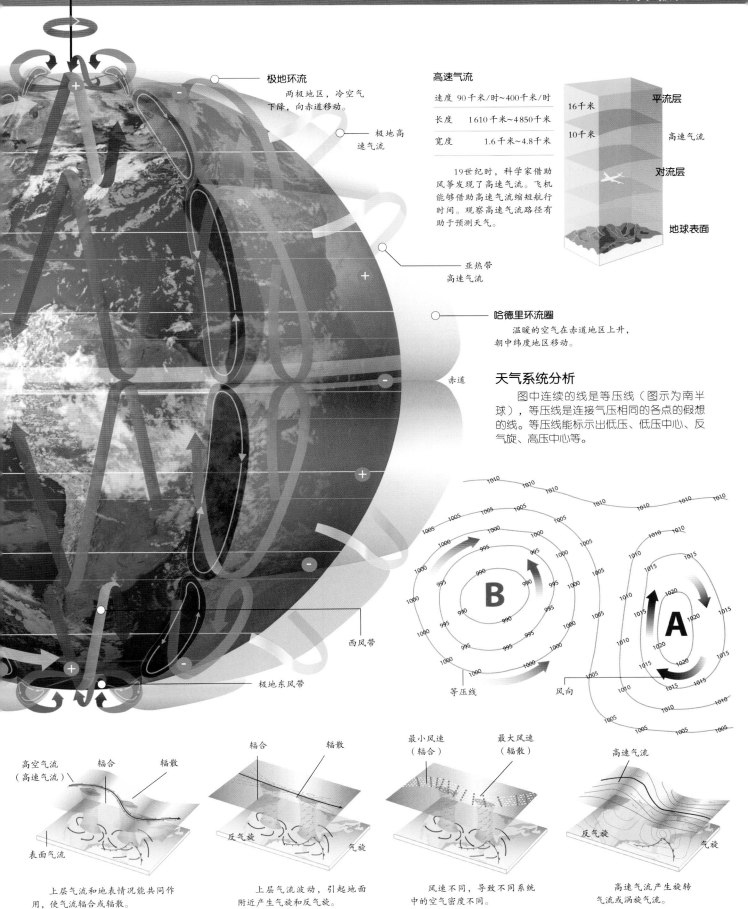

极地环流
两极地区，冷空气下降，向赤道移动。

极地高速气流

亚热带高速气流

哈德里环流圈
温暖的空气在赤道地上升，朝中纬度地区移动。

赤道

西风带

极地东风带

高速气流

速度	90千米/时~400千米/时
长度	1610千米~4850千米
宽度	1.6千米~4.8千米

19世纪时，科学家借助风筝发现了高速气流。飞机能够借助高速气流缩短航行时间。观察高速气流路径有助于预测天气。

平流层

16千米

10千米

高速气流

对流层

地球表面

天气系统分析

图中连续的线是等压线（图示为南半球），等压线是连接气压相同的各点的假想的线。等压线能标示出低压、低压中心、反气旋、高压中心等。

1010

1005

1000

995

990

B

1015

1020

A

等压线

风向

高空气流（高速气流）

辐合

辐散

表面气流

上层气流和地表情况能共同作用，使气流辐合或辐散。

辐合

辐散

反气旋

气旋

上层气流波动，引起地面附近产生气旋和反气旋。

最小风速（辐合）

最大风速（辐散）

风速不同，导致不同系统中的空气密度不同。

高速气流

反气旋

气旋

高速气流产生旋转气流或涡旋气流。

气团相遇

　　温度、湿度不同的两个气团相遇会造成大气扰动。暖气流随着上升而降温，水汽冷凝，形成云朵并最终降水。此外，冷气团的作用仿佛一个楔子，迫使暖气团向上移动。这一现象可能会导致天气突变，甚至可能会带来暴风雨。

冷锋

　　在风的作用下，冷气团与暖气团相遇，就可能产生冷锋。暖气团被迫上升，所含水汽形成上升的浓积云。冷锋可以使气温下降5摄氏度～15摄氏度，并引起大风。冷锋与上升水汽团相遇会产生降雨、阵雪或大雪。如果冷凝速度快，可能会导致倾盆大雨、暴风雪（寒冷的季节）以及冰雹。在气象图中，冷锋是用蓝色的线及三角形表示的，三角形的方向代表着冷锋前进的方向。

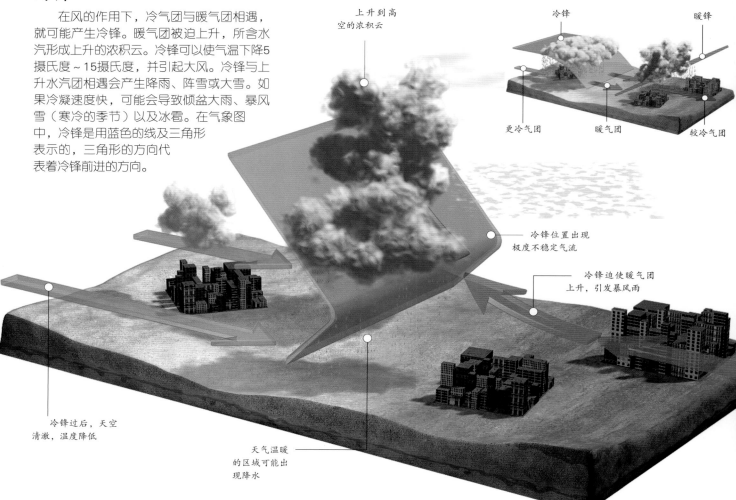

上升到高空的浓积云

冷锋

暖锋

更冷气团

暖气团

较冷气团

冷锋位置出现极度不稳定气流

冷锋迫使暖气团上升，引发暴风雨

冷锋过后，天空清澈，温度降低

天气温暖的区域可能出现降水

罗斯贝波

　　罗斯贝波是一种大型的大气波动，与极锋急流有关。它可在喷流（围绕地球的一条高速气流带）中造成大型起伏。这种波动促进了高纬度和低纬度之间的能量交换，甚至还能导致气旋形成。

❶ 对流层喷流中形成了一条长长的罗斯贝波。

❷ 科里奥利效应加强了该波在极地气流中的运动。

❸ 暖空气和冷空气的流通为形成气旋提供了条件。

席卷大陆

冷锋和暖锋可以覆盖很大的范围。如图所示，冷锋导致风暴席卷欧洲西部，而欧洲东部的暖锋则覆盖了波兰，两锋相遇，引起轻微降雨。上述锋在欧洲上空移动时，会受全球气压系统的影响而改变强弱。

白俄罗斯
德国
波兰
乌克兰
法国

图例

地面冷锋　　　　　地面暖锋

滞留锋

当冷暖气团都停滞，不再向前移动时，就会形成滞留锋。这种现象可以持续多日。伴随高积云的产生，温度会相对稳定。除了与锋的方向平行的风之外，不会产生其他方向的风。滞留锋可能会带来少量降水。

更冷气团　　暖气团

较冷气团

200 千米

暖锋可长达200千米。冷锋通常长约100千米。冷锋和暖锋的高度均为1千米左右。

冷锋　　暖气团

更冷气团

较冷气团

锢囚锋

当更冷气团取代了表面的较冷气团，且上方有暖气团时，就会形成冷式锢囚锋。当较冷气团上升至更冷气团上方时，就会形成暖式锢囚锋。锢囚锋可能会形成降雨、降雪，或者轻度的温度波动以及微风。

暖锋

暖锋是在风的作用下形成的。暖气团取代了冷气团。冷气团比暖气团重，其速度在与地面接触后产生的摩擦力作用下下降，暖锋上升并滑过冷气团上方。上述现象通常会导致降水，常见的有小雨、小雪或雨夹雪，并伴随微风。暖锋形成后，最先出现的标志是卷云，位置在低气压中心前方约1 000千米处，之后随着气压下降，会出现层状云，例如卷层云、高层云和乱层云。

厚积雨云

锋下降雨

暖锋出现轻微的不稳定

云在某地上空舒展的同时带来小雨或小雪

大量冷气团呈楔形后退，使暖气流上升

如果暖锋的移动速度比楔形冷气团后退速度快，暖锋的高度将不断上升。

季风

季风强劲而潮湿，通常影响着热带地区。季风得名于阿拉伯语，意思是"季节性出现的风"。在北半球的夏季，季风吹过东南亚地区，印度半岛受影响最为明显。而在冬季，风向逆转，吹向澳大利亚北部地区。季风现象也在美国大陆地区频繁出现。一年一度的季风，其强度以及带来的后果，影响着许多人的生活。

受季风影响的区域

季风影响着从西非到西太平洋之间的低纬度地区的气候。夏季，季风为亚马孙地区和阿根廷北部带来降雨，而冬季则降雨稀少。

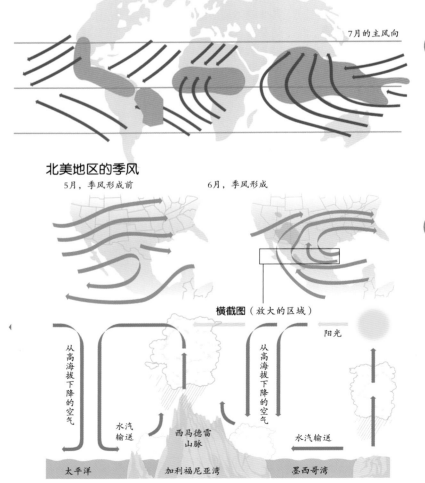

7月的主风向

北美地区的季风

5月，季风形成前

6月，季风形成

横截图（放大的区域）

从高海拔下降的空气

水汽输送

西马德雷山脉

从高海拔下降的空气

阳光

水汽输送

太平洋

加利福尼亚湾

墨西哥湾

印度地区的季风是如何形成的

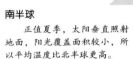

季风结束 ⟶ 季风出现 ⟹ 寒冷而干燥的风 ⟹ 寒冷而潮湿的风 **B** 气旋（低压） **A** 反气旋（高压）

① 大陆降温

夏季季风过后，降雨停止，亚洲中部和南部地区温度下降，北半球迎来冬季。

北半球

北半球正值冬季，阳光斜射，阳光覆盖的面积更广，因此平均气温比南半球低。

阳光

北极

南半球

正值夏季，太阳垂直照射地面，阳光覆盖面积较小，所以平均温度比北半球更高。

南极

② 从大陆到海洋

大陆上空大量的干燥寒冷的空气向相对温暖的海洋移动。

阿拉伯海

③ 海上风暴

海上气旋吸收来自大陆的冷风，使温暖且潮湿的空气上升，并最终通过降水等回到地表。

热带辐合带

热带地区间的影响

热带地区之间的大气循环会对季风的产生造成影响。哈德里环流圈推动信风从亚热带地区吹向赤道地区。而在科里奥利效应作用下，信风方向发生偏移。热带地区的气流会形成低气压带，称为热带辐合带。北半球温暖的月份里，该辐合带会季节性地向北移动，夏季季风由此诞生。

**陆地和
海洋的热差值**

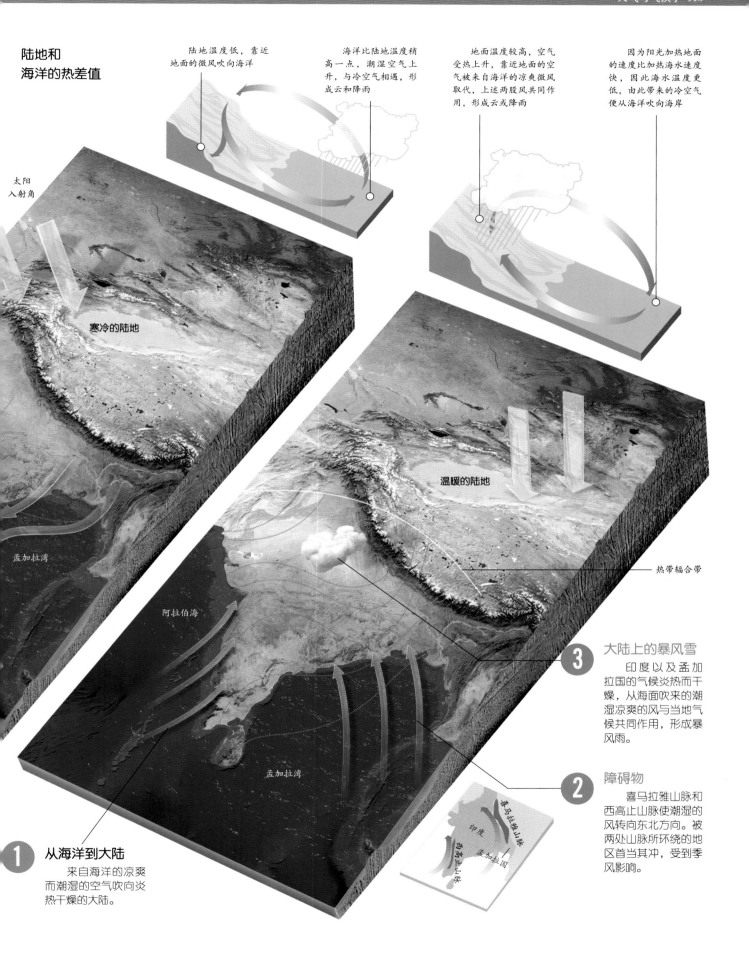

陆地温度低，靠近
地面的微风吹向海洋

海洋比陆地温度稍
高一点，潮湿空气上
升，与冷空气相遇，形
成云和降雨

地面温度较高，空气
受热上升，靠近地面的空
气被来自海洋的凉爽微风
取代，上述两股风共同作
用，形成云或降雨

因为阳光加热地面
的速度比加热海水速度
快，因此海水温度更
低，由此带来的冷空气
便从海洋吹向海岸

太阳
入射角

寒冷的陆地

温暖的陆地

热带辐合带

孟加拉湾

阿拉伯海

孟加拉湾

喜马拉雅山脉

印度

孟加拉国

西高止山脉

1

从海洋到大陆

来自海洋的凉爽
而潮湿的空气吹向炎
热干燥的大陆。

3　　大陆上的暴风雪

印度以及孟加
拉国的气候炎热而干
燥，从海面吹来的潮
湿凉爽的风与当地气
候共同作用，形成暴
风雨。

2　　障碍物

喜马拉雅山脉和
西高止山脉使潮湿的
风转向东北方向。被
两处山脉所环绕的地
区首当其冲，受到季
风影响。

变幻万千的云

云是大量水滴和冰晶的结合物，是由空气中的水蒸气在对流层中上升时，发生冷凝或冻结形成的。云的形成受海拔高度以及上升空气流速的影响。云的形状大致分为三类：卷云、积云和层云。还可以根据云距离海平面的高度将其划分为高云族、中云族和低云族。云是非常有趣的研究对象，通过观察云，可以了解各类大气活动。

云的主要分类

名 称	形 状
卷云	纤维状的云
积云	团状的云
层云	片状的云
雨云	导致降雨的云

对流层

大气层中最接近地表的一层，大气现象发生在这一层，包括云的形成也在这层。

散逸层
500千米
中间层
90千米
平流层
50千米
对流层
10千米
0

云是如何形成的

上升的空气的温度慢慢降低，所含水蒸气进入过饱和状态，水蒸气冷凝形成云。一般的积雨云含水量超过15万吨，且能漂浮在13 000米的高空中。

对流

来自太阳的能量加热了地面附近的空气，由于热空气密度较小，所以会上升。

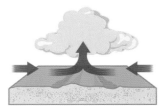

辐合

来自不同方向的气流相遇时，气流也会向上运动。

产生于特殊地形附近

当气流与山相遇时，气流被迫上升，因此山峰处常常出现云和雨。

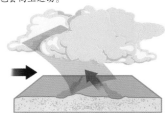

形成于锋前

一冷一热的气团相遇，热气团上升，形成云。

对 流 层

10千米

高云族

零下 55 摄氏度

对流层顶部的温度。

卷层云

卷层云丝缕分明，呈半透明状，广阔绵延，往往能遮蔽整个天空。

4千米

中云族

零下 10 摄氏度

对流层中部的温度。

积雨云

积雨云也叫雷暴云。积雨云的出现预示着雨、冰雹或雪等强降水将会发生。积雨云通常呈白色。

积云

积云轮廓清晰，质地细密，呈现出棉花的质感。

2千米

10 摄氏度

对流层底部的温度。

低云族

15 摄氏度

地球表面的温度。

0千米

云的内部

云形成时的高度取决于空气的稳定程度以及湿度。位置最高、温度最低的云含有冰晶。位置最低、温度最高的云含有水滴。有的云既含有冰晶也含有水滴。根据云距离海平面的高度可以将云分为10类。最高的云高度至少为5千米，中间的云高度范围为2千米～4千米，低于2千米高度的云则为低层云。

2千米 ～ **8**千米

雷暴云的厚度。

15万吨

雷暴云能容纳的水量。

卷云

卷云属于高云族，轻薄透亮，外围有冰晶形成的白色细丝。

卷积云

卷积云由非常细小的云块整齐排列组成。

高积云

高积云云体圆润，聚集成群，排列成行，形似波浪。

1802年

英国气象学家卢克·霍华德进行了世界上首次针对云的科学研究。

高层云

高层云呈蓝色或灰色，分布范围广，云底细密，均匀成层。高层云无法完全遮蔽阳光。

层积云

层积云呈白色或灰色，平行于地面，长度非常长，无法遮蔽阳光。

雨层云

雨层云的出现，意味着将有持续降雨或降雪。

层云

层云漂浮在低空中，覆盖大片的区域。层云可能会导致蒙蒙细雨或小雪。有时候层云看起来像一条沿着地平线舒展的灰色带状物。

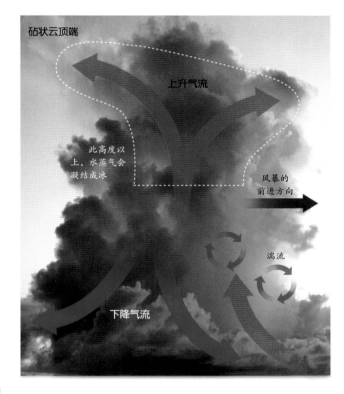

砧状云顶端

上升气流

此高度以上，水蒸气会凝结成冰

风暴的前进方向

湍流

下降气流

波

积云组成的线

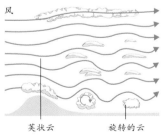

风

荚状云

旋转的云

特殊的云

云街

云街是否能形成，取决于其下方的地形以及风力。微风吹拂下，积云会连成线，仿佛大街一样。地面温差可能是这种云的成因。

荚状云

在山脉的背风处常常会形成背风波，因此，每个山峰处都可能会形成荚状云，并构成连续的"波云"。此外，云表面附近的湍流还会使其缓慢旋转。

降雨来临

云朵在不断运动，这样的运动使组成云朵的水滴或冰晶互相碰撞、结合。在这个过程中，水滴和冰晶体积增大，导致气流无法承重，因此以雨、雪等各种形式坠向地面（雨滴的直径是云朵中水滴直径的100多倍）。根据云朵类型和温度不同，降水可以是液态水（雨）也可以是固态水（雪或冰雹）。

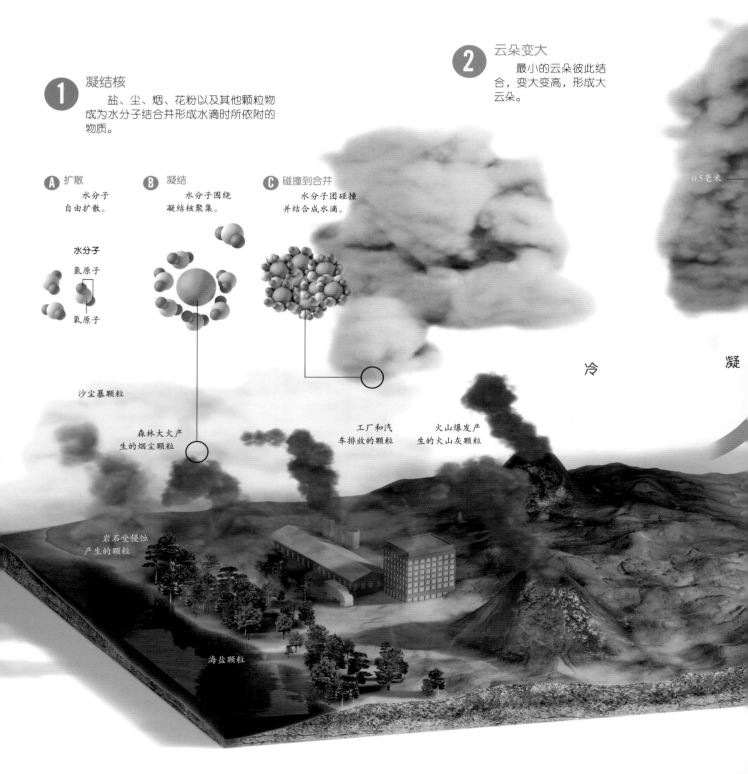

1 凝结核
　　盐、尘、烟、花粉以及其他颗粒物成为水分子结合并形成水滴时所依附的物质。

2 云朵变大
　　最小的云朵彼此结合，变大变高，形成大云朵。

A 扩散
水分子自由扩散。

B 凝结
水分子围绕凝结核聚集。

C 碰撞到合并
水分子团碰撞并结合成水滴。

0.5毫米

水分子
氢原子
氧原子

沙尘暴颗粒

森林大火产生的烟尘颗粒

工厂和汽车排放的颗粒

火山爆发产生的火山灰颗粒

岩石受侵蚀产生的颗粒

海盐颗粒

冷　　　凝

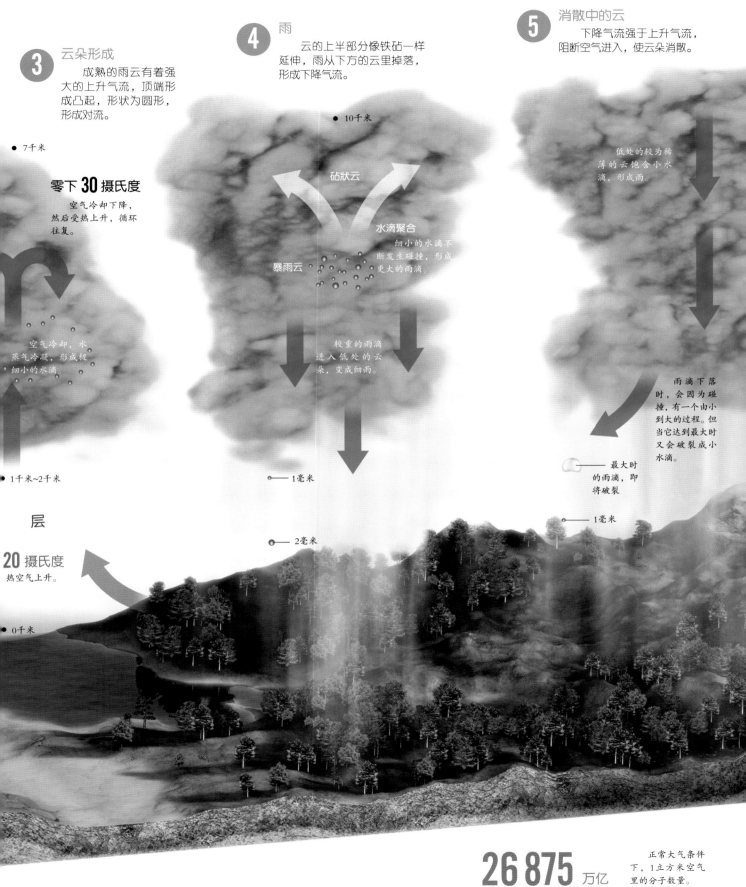

③ 云朵形成

成熟的雨云有着强大的上升气流，顶端形成凸起，形状为圆形，形成对流。

● 7千米

零下 **30** 摄氏度

空气冷却下降，然后受热上升，循环往复。

空气冷却，水蒸气冷凝，形成极细小的水滴。

● 1千米~2千米

层

20 摄氏度

热空气上升。

● 0千米

④ 雨

云的上半部分像铁砧一样延伸，雨从下方的云里掉落，形成下降气流。

● 10千米

砧状云

水滴聚合

细小的水滴不断发生碰撞，形成更大的雨滴。

暴雨云

较重的雨滴进入低处的云朵，变成细雨。

◯—— 1毫米

◯—— 2毫米

⑤ 消散中的云

下降气流强于上升气流，阻断空气进入，使云朵消散。

低处的较为稀薄的云饱含小水滴，形成雨。

雨滴下落时，会因为碰撞，有一个由小到大的过程。但当它达到最大时又会破裂成小水滴。

◯—— 最大时的雨滴，即将破裂

◯—— 1毫米

26 875 万亿

正常大气条件下，1立方米空气里的分子数量。

迷雾寻踪

　　当大气水汽在地面附近凝结时，就会形成雾。雾由小水滴和烟尘颗粒混合形成。本质上，雾即是云。区分雾与云的关键在于形成方式。空气上升并冷却时形成云，而空气接触地面时，温度降低，水汽冷凝，则形成雾。雾这一大气现象会导致能见度降低至50米以内，同时也可能会影响到地面、海上和空中交通。轻薄的雾被称为轻雾。轻雾会将能见度降低至不足10千米。

50米

　　此为浓雾中的能见度距离。浓雾对车、船和飞机运行均有影响。有些情况下，浓雾的能见度甚至为零。

4 地形雾

　　高海拔山坡的背风面容易形成雾。当空气中水分充足时，雾就出现了。

露

　　当物体的温度降低到露点温度以下，冷凝在物体表面的水蒸气形成露。

雾与能见度

　　能见度是指观察者在大气层中识别某段距离外物体的能力。能见度反映了雾、尘、烟以及大气层中任何人工或自然降水导致的视觉限制。雾浓度不同，对海运、陆运和空运的影响不同。

轻雾

	强浓雾	浓雾		雾	
受能见度影响的交通状况					
	50米	200米		1千米	2千米

雾的种类

寒冷的夜间，地面在白天吸收的热量散失，此时就会形成辐射雾。降雨的温度较高时，雨滴蒸发，空气中饱含水分，因此会形成锋面雾。辐射雾和锋面雾较厚，时间持久。当湿润温暖的气流经过温度较低的某处时，气流中的水蒸气冷凝，就产生了移流雾。

2 锋面雾
形成于暖锋前方。

1 辐射雾
仅在地面附近形成，由地面热辐射降温导致。

3 移流雾
大量潮湿的温暖气体经过温度较低的表面时产生。

空气上升过程中水汽变得饱和。

上升气流

暖空气

较高的陆地

被阻挡的雾

风

轻雾
轻雾由肉眼无法察觉的干燥颗粒组成。这些颗粒浓度非常高时，会导致我们看到的物体清晰度降低，色彩、材质和形状更模糊。

5 逆温雾
温暖潮湿的气流经过海面或湖面时，可能会形成逆温雾。温暖的气流在水面的作用下降温，所含水蒸气凝结为水滴。沿岸较高的陆地阻碍逆温雾，使之无法进入内陆深处。

10 千米
正常能见度

3千米

闪电

雷雨是在大型积雨云中产生的，大雨通常伴随着闪电和雷鸣。雷雨一般会在低压地带产生，因为低压地带的空气温暖，比周围空气稀薄。积雨云中，累积了大量电荷，这些电荷以闪电的方式从云中放电至地面、空气或是另外一朵云中，这就是闪电的成因。放电过程会导致空气膨胀与收缩，于是又产生了雷。

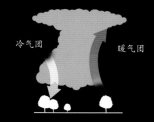

冷气团　暖气团

①　闪电的产生

闪电产生于大型积雨云中。云层既可能带正电荷，也可能带负电荷。

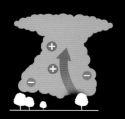

②　云层内部动态

冰晶或冰雹结晶相撞产生电荷。暖气团上升，使云层中的电荷发生移动。

正负电荷分离

云层中的正负电荷分离，正电荷向顶端聚集，负电荷则来到底部。

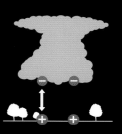

③　电荷

云层中的负电荷受地面正电荷的吸引，导致放电现象发生。

感应电荷

云层底部的负电荷使地面获得正的感应电荷。

闪电的类型

闪电的放电通道是区分闪电类型的依据之一。

云中放电

云层将电荷释放到带异种电荷的气团中。

云间放电

闪电可能出现在单个云层中，也可能出现在携带异种电荷的多个云层间。

云地之间放电

云层的负电荷被地面的正电荷吸引。

避雷针（接闪器）

避雷针的作用是吸引闪电，并将电流导向地面，避免闪电危害建筑物或居民。避雷针的设计灵感来自于本杰明·富兰克林的一个著名实验。一场雷电交加的暴风雨中，富兰克林将一只风筝放飞到雷雨云里，引起强烈的放电现象。科学家受到上述实验和装置启发，在需要保护的物体顶端安装铁杆，将其与地面的导体（接地装置）连接。避雷针的形态各有不同，但作用都是将电荷引至地面。

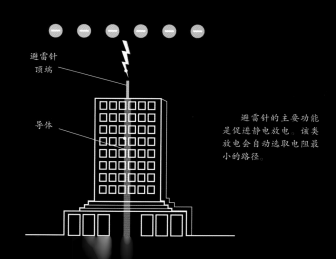

避雷针顶端

导体

避雷针的主要功能是促进静电放电。该类放电会自动选取电阻最小的路径。

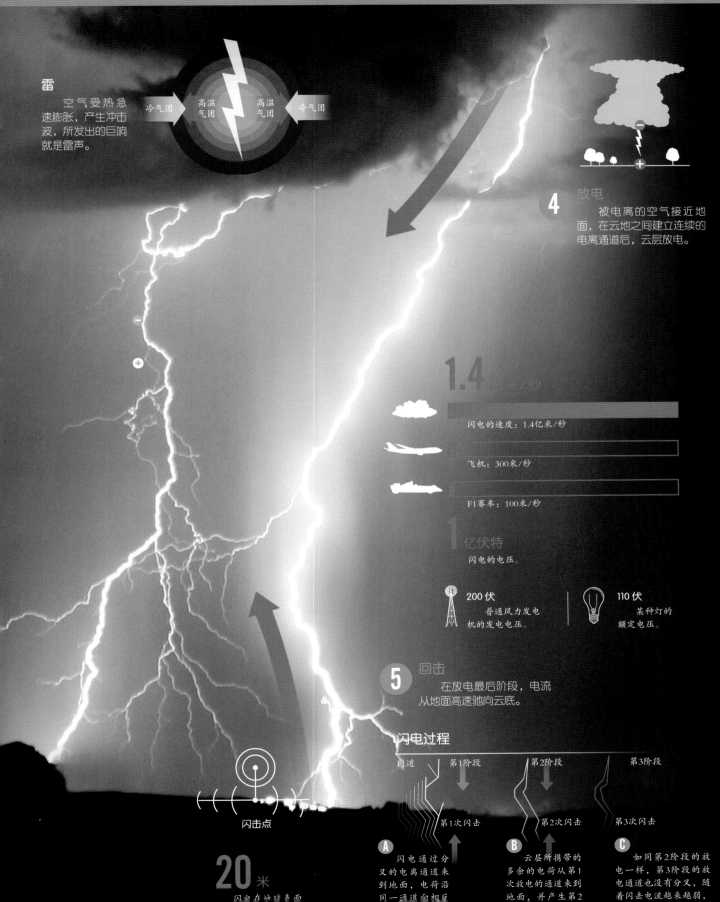

雷
　　空气受热急速膨胀,产生冲击波,所发出的巨响就是雷声。

冷气团　高温气团　高温气团　冷气团

4 放电
　　被电离的空气接近地面,在云地之间建立连续的电离通道后,云层放电。

1.4 亿米/秒

闪电的速度:1.4亿米/秒

飞机:300米/秒

F1赛车:100米/秒

1 亿伏特
闪电的电压。

200伏　普通风力发电机的发电电压。

110伏　某种灯的额定电压。

5 回击
　　在放电最后阶段,电流从地面高速驰向云底。

闪电过程

通道　　第1阶段　　第2阶段　　第3阶段

第1次闪击　　第2次闪击　　第3次闪击

A 闪电通过分叉的电离通道来到地面,电荷沿同一通道向相反

B 云层所携带的多余的电荷从第1次放电的通道来到地面,并产生第2

C 如同第2阶段的放电一样,第3阶段的放电通道也没有分叉,随着闪击电流越来越弱,

闪击点

20 米
闪电在地球表面

致命龙卷风

龙卷风是大自然最猛烈的风暴。龙卷风伴随雷雨形成（部分龙卷风伴随飓风形成）。龙卷风是从天空延伸至地面的强劲旋风，呈漏斗状。龙卷风能连根拔起树木、摧毁建筑。此外，高速移动的空气中混有土壤和其他物体，这些物体以高达480千米／小时的速度随风旋转，成为致命的"炮弹"。因此，龙卷风能在数秒内摧毁一个乡镇。

何时何地

大多数龙卷风发生在农业区域。春夏的湿度和温度是形成雷雨的必要条件。

● 龙卷风
农业区域

480
千米／时
龙卷风可达到的最高速度。

龙卷风是如何形成的

积雨云中暖气流上升，并在积雨云上层的风力影响下开始旋转，此时龙卷风开始形成。空气从云的底部被吸入旋转的旋涡中，越接近中心处旋转速度越快。不断增加的旋转空气使上升气流越来越强，风柱也不断变大变长，直到从高空伸至地面。因为龙卷风持续时间短，所以难以研究与预测。

1000
美国平均每年产生的龙卷风数量。

下午 **3:00** 至晚上 **9:00**
一天之中，龙卷风形成最多的时间段。

藤田级数

藤田级数是日裔美国气象学家藤田哲也提出的。该级数根据龙卷风所造成的损害对龙卷风进行分级。

风速（千米／时）	64～116	117～180	181～253	254～332	333～418	420～512
级数	F0	F1	F2	F3	F4	F5
造成的损害	烟囱损坏，树干折断。	活动房屋从其基底上被掀起。	活动房屋损毁，树木倒下。	屋顶和墙壁损毁，汽车和火车被掀翻。	厚实的墙体被吹垮。	房屋被整栋拔起，随风移动很长距离。

200 千米

龙卷风在地面上能移动的最大距离。

龙卷风顶部

龙卷风顶部在积雨云中。

龙卷风的最大直径

10 千米

龙卷风能到达的最大高度。

① **强风相遇**

南半球上空，强气流相遇使空气顺时针旋转；北半球则逆时针旋转。

强风

和风

涡流

形成龙卷风下部的气柱能产生强风并吸入空气。涡流通常与其吸入的灰尘一样呈深色，有些也可能是无色的。

多重涡流

有的龙卷风具有多重涡流。

② **旋转**

空气旋转使龙卷风中心的气压下降，产生了中心旋转气柱。

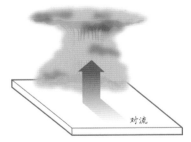

对流

③ **下降**

中心旋转气柱在积雨云中不断下降，朝地面的方向穿透积雨云。

温暖湿润的空气

积雨云

寒冷干燥的空气

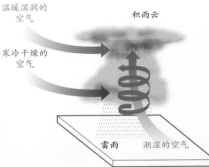

雷雨　　潮湿的空气

④ **龙卷风形成**

龙卷风到达地面，一定强度的龙卷风能掀翻建筑物的屋顶。

螺旋风

伴随漏斗状云出现，可延伸至地面。

范围

通常龙卷风的直径不超过100米。

龙卷风通常从西南方向向东北方向移动。

有些龙卷风的威力强大到能掀起房屋屋顶。

"解剖"飓风

挟汹涌狂风、倾盆暴雨而来的飓风（热带气旋，因地域不同，又称"台风""旋风"），是地球上最壮观的天气现象。飓风的低气压中心被螺旋状云带环绕，在南半球，云层顺时针绕飓风眼旋转，在北半球则逆时针旋转。龙卷风时间短，并且范围相对有限，但飓风范围大、移速慢，沿途通常会造成人员惨重伤亡。

第1天
天空中出现了一团云。

1 飓风的诞生
温暖的海面上空，在风、高温度、高湿度以及地球自转等因素的共同作用下，飓风诞生。

北半球
北半球的飓风逆时针旋转；南半球飓风顺时针旋转。

南半球

27 摄氏度
能够维持热带气旋的最低海面温度。

外围飓风云
绕飓风中心猛烈旋转。

飓风眼
飓风中心位置，气压极低。

下降气流

空气绕飓风眼运动

强上升气流

螺旋状云带

飓风眼壁
此处风力最强。

水蒸气
从海面上升的温暖水蒸气形成云，它们在飓风中心能达到1 200米的高度。

信风被吸引，朝飓风移动

第2天
云团开始旋转。

第3天
螺旋状外形变得明显。

危险区

美国易受飓风袭击的区域包括大西洋海岸、从德克萨斯州到缅因州范围内的墨西哥湾沿岸。西太平洋的加勒比地区和热带地区，包括夏威夷、关岛、美属萨摩亚和塞班岛也是频繁遭飓风袭击的地带。

飓风

台风

赤道

旋风

第6天
能观察到飓风眼。

第12天
飓风登陆后开始分散。

2 飓风的发展
云团绕低压区旋转并上升。

30
千米／时
飓风靠岸时的速度。

3 飓风带来的伤亡
飓风从海洋登陆后会造成重大灾害。登陆后，由于缺乏水蒸气，飓风会逐渐分散减弱。

飓风外的高空吹来的风

飓风所受摩擦力
飓风登陆后，移动速度减慢。因为飓风所经过的地区大多为人口密集的城市，所以这一阶段所造成的破坏极大。

飓风前进路径

28 米
海浪最大高度。

1

2

3

4

5

根据飓风所造成的影响来分级

萨菲尔－辛普森飓风等级

	影响	速度 （千米/时）	浪高 （米）
1级	轻度	119～153	1.2～1.5
2级	中度	154～177	1.8～2.4
3级	重度	178～209	2.7～3.6
4级	极其严重	210～250	3.9～5.4
5级	灾难性	超过250	超过5.4

风的运动

风向外运动

轻风改变其方向，并成为其一部分。

蝴蝶

　　蝴蝶是节肢动物门、昆虫纲、鳞翅目、锤角亚目动物的统称。

第五章

动物界

　　动物特征独特，与其他生命截然不同。动物的身体由许多细胞组成，并通过其他生物获取所需能量。动物还能对外部刺激做出反应。脊椎动物（鱼类、两栖动物、爬行动物、鸟类和哺乳动物）体态较大、魅力十足。无脊椎动物虽然大多很小，但在数量上占据着绝对优势——世界上高达90%的动物是无脊椎动物。

哺乳动物

　　绝大多数哺乳动物有如下特征：全身被毛，胎生，雌性通过乳腺分泌乳汁哺育幼体，只能通过肺进行呼吸，具有封闭式双循环系统，拥有动物界中最发达的神经系统，能让体温保持恒温。在地球的所有环境中，无论是极地还是沙漠、高山还是海洋都有哺乳动物的踪迹。

能适应多种环境的身体

　　大多数哺乳动物的皮肤被毛发以及汗腺覆盖，能够维持体温恒定。分别长于头部两侧（除灵长类拥有双眼视觉外，其他哺乳动物为单眼视觉）的眼睛提供了宽广的视野。水生哺乳动物的四肢已进化成鳍；蝙蝠的四肢进化成了翅膀。食肉动物的爪强大有力；蹄行动物（比如马）的蹄强壮可靠，能承受奔跑时身体带来的重量和压力。

宽吻海豚

4 800
地球上哺乳动物
的种类（估测值）。

毛发
　　体毛是哺乳动物专有的。海牛和鲸算是特例，由于适应了水生环境，这两种动物没有体毛。

齿系
　　大多数哺乳动物成年前都会换牙。不同的牙齿有不同的分工：臼齿用于咀嚼；犬齿用于撕咬；门齿用于啃咬。花栗鼠等啮齿动物，它们的牙齿会持续生长，不断更新。

花栗鼠

近亲

人类属于灵长目、人科。该科的其他动物（大猩猩、黑猩猩、倭黑猩猩）是体形最大的灵长目动物，体重范围介于48千克～270千克之间。一般来说，雄性拥有健壮的身体和有力的手臂，体形要大于雌性。人科动物身体直立，因此骨骼与其他灵长目动物不同。大猩猩的栖息地是非洲西部靠近赤道的丛林，行走时需要靠前肢支撑。大猩猩身高在1.2米～1.8米范围内，当它们举起前肢站立时，身高可达2米。

头盖骨

与体形相比，大猩猩的头盖骨比例偏大，大猩猩的大脑也比其他动物更为发达、复杂。

体温保持在 37 摄氏度

除了哺乳动物，鸟类也有保持体温恒定的能力。

由骨头组成的耳朵

组成耳朵的小型骨头形成了一个可以感知并传送声音的系统。

下颌

由单一的骨头——齿骨以及分工明确的牙齿组成

乳腺

哺乳动物通过乳腺分泌乳汁喂养新生个体。"哺乳纲"正是得名于该身体结构。

厚厚的表皮

表皮由外层（表皮）、内层（真皮）以及有助于保温的脂肪层组成。

大猩猩

恒温

大多数哺乳动物具有让体温保持恒定，不受环境温度影响的能力。不过，冬眠的物种需要降低体温，从而减少新陈代谢。值得注意的是，熊在冬天进行的不是冬眠，而仅仅是进入一种深睡眠状态。

棕熊

四肢

哺乳动物的四肢适合在陆地上运动。它们的前肢具有特殊的功能（游泳、操作、攻击、防御以及保护）。鲸目动物和海豹算是例外，它们适应了海洋环境，因此只有一对无趾的前肢。

象海豹的脚蹼

为了适应栖息地的身体结构

哺乳动物的某些身体结构与栖息地有着千丝万缕的关系。比如象海豹的脚蹼是用来游泳以及捕鱼的；拟态以及奔跑能力对鹿来说至关重要。具备相应的生理机能是适应环境的一大方式，骆驼（适应沙漠生活）就是很好的例子。

水生动物	温带森林动物	沙漠动物	草地或牧场动物

热带疏林动物	热带雨林动物	针叶树林动物	苔原动物

不同寻常的灵长目动物——人

人类能够改造并利用栖息地的资源，因此能够适应地球上几乎所有类型的栖息地。人类能够制造工具帮助自己，因此在适应环境方面，并不像其他生物一样只能依赖自然进化。

恒温动物

　　哺乳动物是恒温动物——在不同环境条件下可以保持恒定的体温。因为这一特性，在地球上几乎所有环境中都能看到哺乳动物的身影。恒温得益于哺乳动物体内一系列保持水分、血液中矿物质和葡萄糖的平衡，以及防止代谢废物累积等功能。

北极王者

　　北极熊是哺乳动物适应恶劣环境的代表。北极熊的皮毛看上去呈白色、浅黄色或米色，实际上却是半透明甚至无色的。皮毛分为两层，内层短而厚，表层长。北极熊防冻所依靠的正是厚厚的皮毛和皮肤下的脂肪层。有了这两层结构的存在，北极熊可以在冰水中游泳、潜水，抵抗暴雪袭击。

游泳高手

　　北极熊在海中游速可达10千米/时。它们用前掌加速，后掌控制方向。北极熊的毛是中空的，充满了空气，能提供浮力。北极熊潜水的时候也会睁着眼睛。

北极熊

北极熊幼崽

北极熊幼崽出生在冬季。母熊的皮肤产生热量，帮助幼崽抵抗严寒。

迁徙

春季到来后，北极熊向南迁徙，避开北极冰层断裂带来的影响。

北极熊的新陈代谢

北极熊的脂肪层厚度为10厘米~15厘米，不仅防冻，也储存了大量热量。当温度达到临界水平——零下60摄氏度~零下50摄氏度——北极熊的新陈代谢加快，迅速消耗脂肪和食物中的能量以保持体温。

冰下冬眠

春季时雌性北极熊在冰下挖出洞穴，怀孕后进入冬眠，不进食，体重减少45%。

分支洞道

洞穴内室

呼吸道

北极熊口鼻部有膜，能在冷空气进入肺部前给其加温加湿。

毛发

北极熊的毛发组成了一道密不透风的屏障

毛发内部充满着空气

主洞道

入口

蜷缩姿势

许多生活在寒冷气候中的哺乳动物都会蜷缩成球状——收起四肢，把尾巴当作毯子，覆盖住身体。这种姿势让暴露在空气中的身体表面积最小，因此热量流失也最少。生活在热带气候的动物就相反，它们伸展身体，最大程度地疏散热量。

分层结构

防御性毛发
外层

下层绒毛
内层

脂肪
10厘米~15厘米厚

主要储存脂肪的部位

大腿、臀部和腹部

10 千米/时

北极熊的平均游泳速度。

缓慢而平稳地游泳

后肢
起到类似"舵"的作用。

前肢
起到类似"螺旋桨"的作用。

动力图示

游累了：
化身为漂浮的巨兽

当北极熊游累的时候，它们就让自己漂浮在水面上。北极熊能在水面上漂浮60千米。

离开水时：
具有防滑功能的掌部

它们的掌部表面生有乳头状突起，在冰面上能产生摩擦力，防止滑落水中。

优雅的马

马是一种有蹄类奇蹄目的哺乳动物。在人们心目中，它们象征着优雅与自由。马精力充沛、行动迅捷。马的脊椎在运动中弯曲程度很小，避免了身体上下起伏造成过多能量消耗。马的骨骼强健、轻巧、富有弹性。马的肌肉成对或成组排列，运动时收缩与扩张非常协调。

奔跑健将

马是最强壮的哺乳动物之一。相对体重而言，它们的奔跑速度很快。马的肌肉结构原本是为了逃生而进化形成的。马这一物种能够在自然界存活数百万年，正是靠这一身快速奔跑的本领。

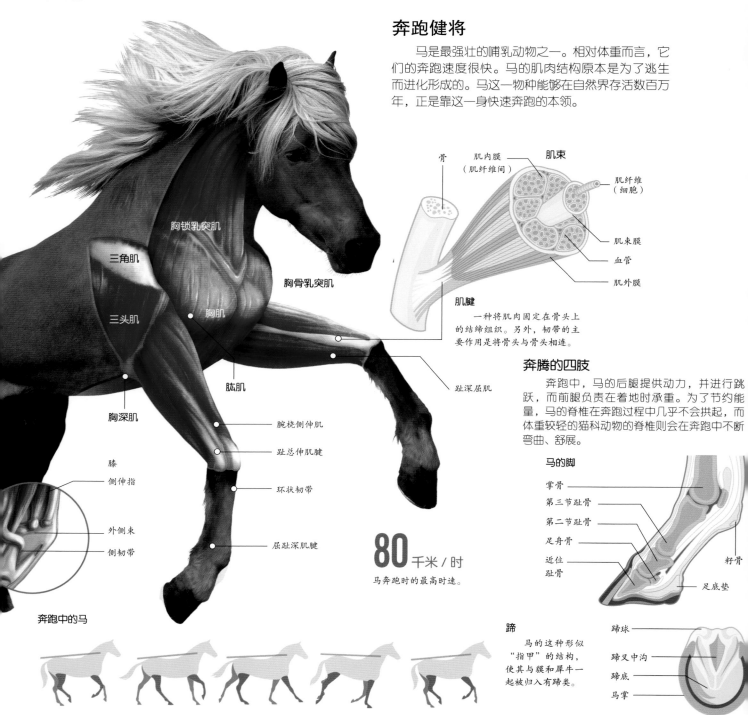

胸锁乳突肌

三角肌

胸锁乳突肌

三头肌

胸肌

胸骨乳突肌

骨

肌内膜（肌纤维间）

肌束

肌纤维（细胞）

肌束膜

血管

肌外膜

肱肌

胸深肌

腕桡侧伸肌

趾总伸肌腱

环状韧带

屈趾深肌腱

膝

侧伸指

外侧束

侧韧带

趾深屈肌

肌腱

一种将肌肉固定在骨头上的结缔组织。另外，韧带的主要作用是将骨头与骨头相连。

奔腾的四肢

奔跑中，马的后腿提供动力，并进行跳跃，而前腿负责在着地时承重。为了节约能量，马的脊椎在奔跑过程中几乎不会拱起，而体重较轻的猫科动物的脊椎则会在奔跑中不断弯曲、舒展。

马的脚

掌骨

第三节趾骨

第二节趾骨

足舟骨

近位趾骨

籽骨

足底垫

80 千米/时

马奔跑时的最高时速。

奔跑中的马

蹄

马的这种形似"指甲"的结构，使其与貘和犀牛一起被归入有蹄类。

蹄球

蹄叉中沟

蹄底

马掌

马的骨骼

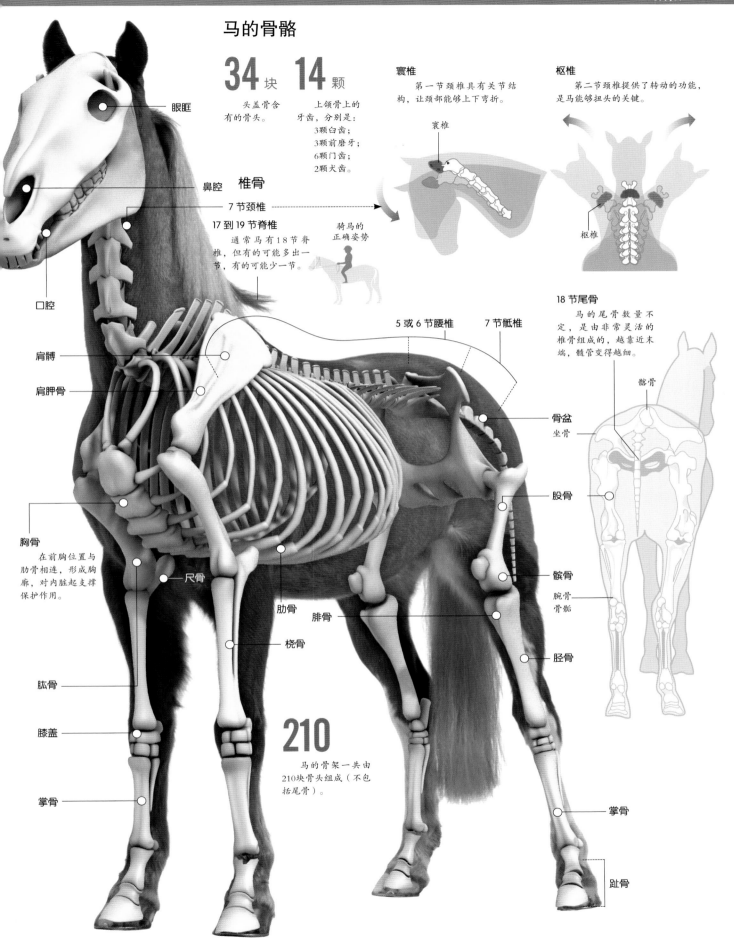

34 块
头盖骨含有的骨头。

14 颗
上颌骨上的牙齿，分别是：
3颗白齿；
3颗前磨牙；
6颗门齿；
2颗犬齿。

寰椎
第一节颈椎具有关节结构，让颈部能够上下弯折。

寰椎

枢椎
第二节颈椎提供了转动的功能，是马能够扭头的关键。

枢椎

椎骨
眼眶
鼻腔
7 节颈椎

17 到 19 节脊椎
通常马有18节脊椎，但有的可能多出一节，有的可能少一节。

骑马的正确姿势

口腔

18 节尾骨
马的尾骨数量不定，是由非常灵活的椎骨组成的，越靠近末端，髓管变得越细。

5 或 6 节腰椎
7 节骶椎

肩髆
肩胛骨

髂骨

骨盆
坐骨

股骨

胸骨
在前胸位置与肋骨相连，形成胸廓，对内脏起支撑保护作用。

尺骨
肋骨
腓骨

210
马的骨架一共由210块骨头组成（不包括尾骨）。

髌骨
腕骨
骨骺

桡骨
胫骨

肱骨
膝盖

掌骨
掌骨

趾骨

哺乳动物的四肢

哺乳动物的四肢大致分为手和脚两种类型，不同的行动方式使手或脚发生了不同的改变。举例来说，水生哺乳动物的手变成了鳍；蝙蝠的手指生出翼膜，成为翅膀。陆生哺乳动物的四肢取决于动物行走时的承重情况。行走中整个脚掌着地的称为跖行类，仅脚趾着地的称为趾行类，而仅用趾骨端承重的称为有蹄类。

功能性适应

除了腿的形态外，科学家们还根据腿的功能对哺乳动物进行了分类。猫、狗以及马需要四肢协调进行移动；灵长类动物的前臂不尽相同，其中一部分可以用腿抓取或喂食；一些哺乳动物用腿游泳或者飞翔。

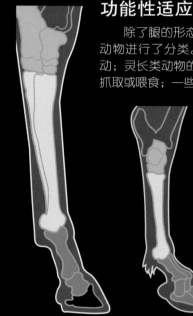

图例

- 胫骨/腓骨
- 跗骨
- 跖骨
- 趾骨

有蹄类动物
奇蹄动物 马

通过观察马行走所留下的痕迹，就能发现马路过之处只有蹄印。马蹄实际上是马唯一的脚趾。

有蹄类动物
偶蹄动物 山羊

大多数有蹄类动物，例如山羊，脚趾总数是偶数。它们被称为偶蹄动物，与之对应的就是左侧所示的奇蹄动物。

具有欺骗性的脚印

一些有蹄类动物的蹄是由数个脚趾组成的，但是它们行走时最多只会用其中两个承重，所以它们的脚印只看得到两个脚趾。

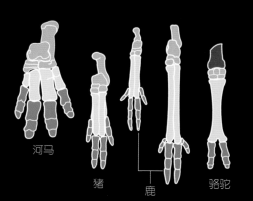

河马 猪 鹿 骆驼

5 个脚趾

哺乳动物的正常脚趾数量是5个，擅长奔跑的物种脚趾数量少于5个。

趾行哺乳动物 狗

趾行哺乳动物在行走过程中脚趾（不一定是所有脚趾）整个着地。它们的脚印通常由脚趾以及一小部分前掌组成。最常见的例子就是狗和猫的脚印。

跖行哺乳动物 人

灵长类动物，包括人类，行走中靠脚趾、大部分脚掌，尤其是跖骨承重。鼠、黄鼠狼、熊、兔子、臭鼬、浣熊和刺猬等也是跖行哺乳动物。

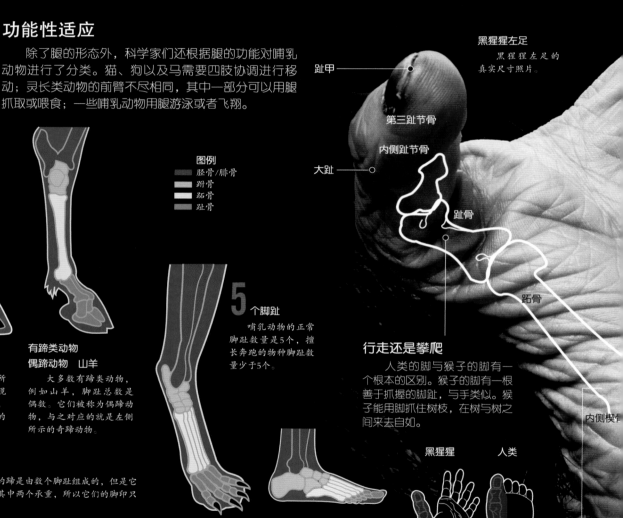

黑猩猩左足

黑猩猩左足的真实尺寸照片。

趾甲
第三趾节骨
内侧趾节骨
大趾
趾骨
跖骨
内侧楔骨
跗骨

行走还是攀爬

人类的脚与猴子的脚有一个根本的区别。猴子的脚有一根善于抓握的脚趾，与手类似。猴子能用脚抓住树枝，在树与树之间来去自如。

黑猩猩 人类

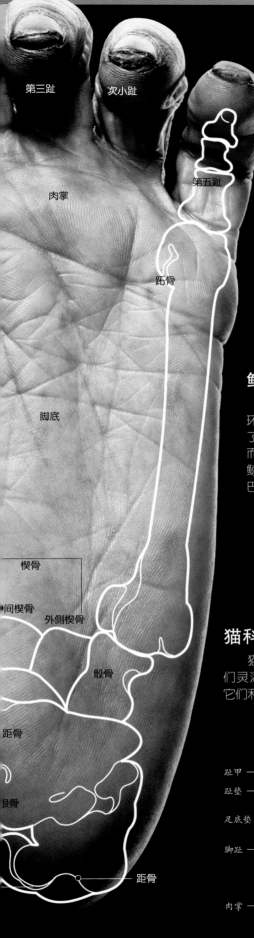

第三趾

次小趾

第五趾

肉掌

距骨

脚底

楔骨

间楔骨

外侧楔骨

骰骨

距骨

跟骨

翼手目

翼手目这个词来源于希腊语，意思是"与翅膀合二为一的手臂"。蝙蝠的前肢在进化过程中发生了变化，它们的手指变长变细，支撑着翅膀一样的翼膜。其后肢并没有发生类似的变化。

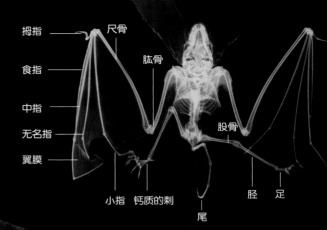

拇指　　尺骨

食指　　肱骨

中指

无名指　　　　股骨

翼膜

小指　钙质的刺　　胫　足

尾

鲸类

鲸类已经完全适应了海洋环境，似乎与鱼类已无区别了。但是鲸的鳍（由前肢演化而来）的骨骼结构与手相似。鲸没有后肢，只有横向的尾巴，它能提供游泳的动力。

尾

生活在水中的哺乳动物尾部横向生长，明显区别于鱼类的竖尾。

猫科动物

猫科动物的爪支撑着它们灵活而富有弹性的身体。它们利用前爪进行捕猎。

肩胛骨

肱骨

尺骨

桡骨

腕骨

掌骨

指骨

演化

科学家们认为，鲸是由一种古老的生活在海洋里的有蹄类动物演化而来的。这种有蹄类动物的脊柱呈自然的起伏形态。

趾甲

趾垫

足底垫

脚趾

肉掌

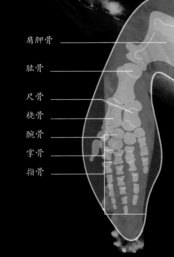

可以收缩的趾甲

韧带

趾骨

肌腱收缩时，韧带后缩，相应地，趾甲也缩回去了。

第三趾节骨

内侧趾骨

肌腱

趾甲

狗的嗅觉与听觉

狗继承了祖先——狼的优秀的听觉和嗅觉。听觉和嗅觉在狗的生活和社交活动中发挥着至关重要的作用。狗非常依赖它们的感官。人根据形象分辨同类，而狗依靠最重要的感官——嗅觉，也就是根据气味分辨同类。狗的嗅觉细胞比人类多44倍。有的公狗甚至能嗅出1 500米以外的母狗的气味。狗能从数百万的气味分子中辨别出一个与众不同的气味分子。它们也能听见人类听不到的低音。

听觉

狗的听力高度发达，是人类的4倍。狗的听力取决于耳朵的形状和朝向，它们能够灵活地调整耳朵捕捉声音。不同品种的狗的听力是有差异的。狗既能听辨尖锐的声音，也能捕捉轻柔的声响。它们能迅速定位声源位置。狗能听到频率高达40千赫兹的声音，而人类的听力上限仅为20千赫兹。

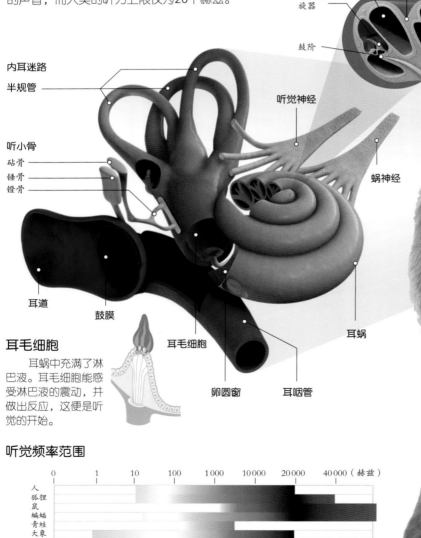

耳蜗结构
耳蜗管前庭
前庭阶
耳蜗螺旋器
鼓阶

耳郭软骨

内耳迷路
半规管

听觉神经

耳道

中耳

耳蜗

听小骨
砧骨
锤骨
镫骨

蜗神经

耳道
鼓膜
耳毛细胞
卵圆窗
耳咽管
耳蜗

耳毛细胞

耳蜗中充满了淋巴液。耳毛细胞能感受淋巴液的震动，并做出反应，这便是听觉的开始。

听觉频率范围

	0	1	10	100	1 000	10 000	20 000	40 000（赫兹）
人								
狐狸								
鼠								
蝙蝠								
青蛙								
大象								
鸟								

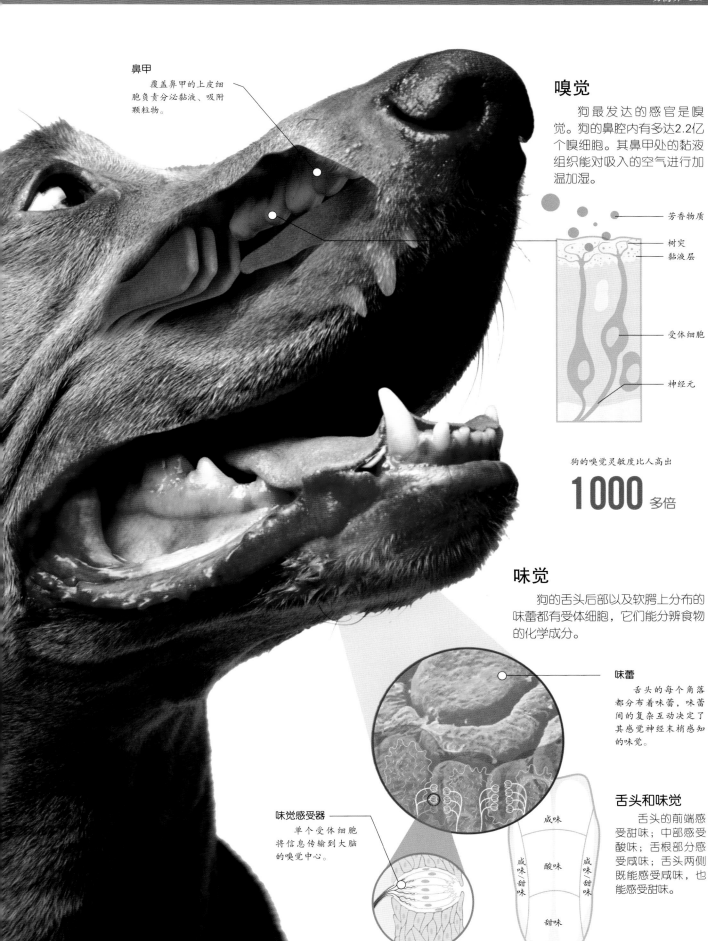

鼻甲
覆盖鼻甲的上皮细胞负责分泌黏液、吸附颗粒物。

嗅觉

狗最发达的感官是嗅觉。狗的鼻腔内有多达2.2亿个嗅细胞。其鼻甲处的黏液组织能对吸入的空气进行加温加湿。

芳香物质

树突

黏液层

受体细胞

神经元

狗的嗅觉灵敏度比人高出

1000 多倍

味觉

狗的舌头后部以及软腭上分布的味蕾都有受体细胞，它们能分辨食物的化学成分。

味蕾
舌头的每个角落都分布着味蕾，味蕾间的复杂互动决定了其感觉神经末梢感知的味觉。

味觉感受器
单个受体细胞将信息传输到大脑的嗅觉中心。

舌头和味觉

舌头的前端感受甜味；中部感受酸味；舌根部分感受咸味；舌头两侧既能感受咸味，也能感受甜味。

咸味

咸味甜味

酸味

咸味甜味

甜味

天生的猎手——猫科动物

老虎是世界上最大的猫科动物，是卓越的捕食者。强健的体魄和高度发达的感官，是老虎捕猎的利器。在白天，老虎的视力与人类相当，但辨别细节的能力稍差。然而，一旦进入夜晚，它们的视力将提升到人类的6倍，因为它们眼球前房的水晶体更大，瞳孔也更宽。

黑暗中的洞察力

捕食者靠敏锐的感官侦测猎物。猫科动物的瞳孔可以放大到人类瞳孔的3倍。猫科动物非常擅长在昏暗的光线下观察猎物。猫科动物的视网膜后方有类似于镜子的结构（明毯），其由15层细胞组成。该结构能放大进入视网膜的光线，也让猫科动物的眼睛在夜晚闪闪发光（实际上是反光作用）。此外，猫科动物的光敏度是人类的6倍。老虎在黑暗中，瞳孔能完全打开，夜视能力进一步增强。

第一个焦点

两眼重合视域

两只眼睛的视野重合部分称为两眼重合视域。一部分动物正是通过该区域获得立体视觉。捕食者由此判断出猎物的距离和大小。

第二个焦点

虎眼可视角度为255度，两眼重合视域为120度。人眼可视角度为210度，两眼重合视域为120度。

50倍

猫科动物的视网膜能将进入的光放大50倍。

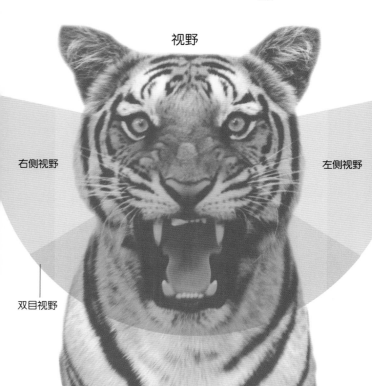

视野

右侧视野

左侧视野

双目视野

瞳孔

瞳孔在强光下缩小，在黑暗中放大，调节到达视网膜的光线。不同的哺乳动物瞳孔形状也不同。

虎　　猫　　山羊

视网膜

晶状体
虹膜
眼角膜
瞳孔
结膜

玻璃状液

视神经

光觉与色觉

视网膜的光敏度取决于细杆状的视杆细胞，而色觉以及形状的敏感度取决于视锥细胞。老虎的视网膜主要由视杆细胞构成。

视杆
细胞

视锥
细胞

昼行性动物的视网膜

以色彩分辨力和细节能力更强（视敏度高）的视锥细胞为主。

夜行性动物的视网膜

以光敏度较高的视杆细胞为主。

视野

人类

长吻狗

短吻狗

野兔

反刍动物

反刍动物，比如奶牛、绵羊或鹿，它们的胃都由4个胃室组成。反刍动物有着独特的消化方式。这些动物需要在短时间内进食大量的草——进食时间过长容易成为食肉动物的猎物——因此它们进化出了一套能够先吞咽、储存，再让食物重返口腔进行细嚼的消化系统。这种行为称为"反刍"。

图例

- ▬ 吞咽及发酵过程
- ▬ 反刍过程
- ▬ 养分重吸收
- ▬ 酸性消化
- ▬ 消化和吸收过程
- ▬ 发酵及消化

牙齿

马或牛科动物的臼齿面积较大且上表面平整，能将食物嚼碎成浆状。它们的门齿则用于咬断食物。

珐琅质
牙骨质
牙本质
牙髓
牙根

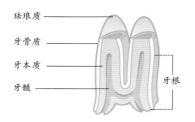

门齿

臼齿　前臼齿

奶牛用舌头包覆食物

嚼东西时，它们的嘴左右活动

① 奶牛大致嚼过青草后就吞进了前两个胃——瘤胃和网胃中。食物不断从瘤胃进入网胃。网胃中的菌群开始发酵食物。

网胃

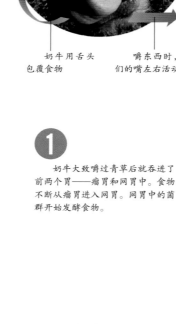

② 奶牛饱食一顿后，从网胃或瘤胃呕出食物球，在口腔内重新细嚼。该过程称为反刍。反刍能刺激唾液分泌，并促进食物消化。

150升

牛在反刍过程中每天会产生的唾液量。

反刍过程

反刍使摄入的食物体积变小。反刍动物能够从植物细胞壁中获取能量。

Ⓐ	Ⓑ	Ⓒ	Ⓓ
反刍	再咀嚼	再分泌唾液	再吞咽

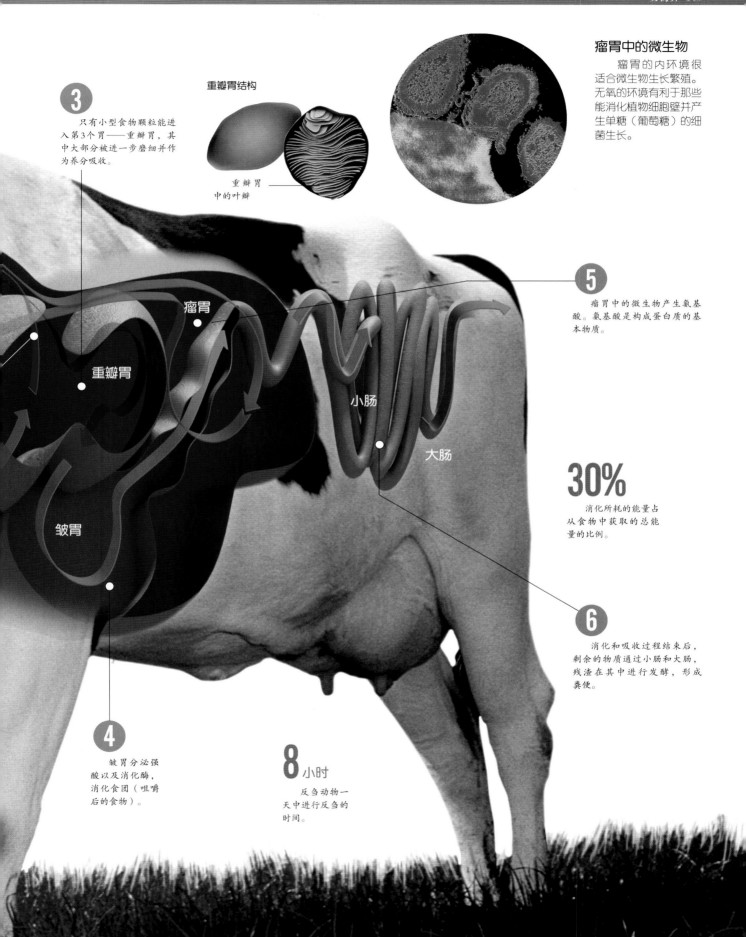

3

只有小型食物颗粒能进入第3个胃——重瓣胃，其中大部分被进一步磨细并作为养分吸收。

重瓣胃结构

重瓣胃中的叶瓣

瘤胃中的微生物

瘤胃的内环境很适合微生物生长繁殖。无氧的环境有利于那些能消化植物细胞壁并产生单糖（葡萄糖）的细菌生长。

瘤胃

重瓣胃

小肠

大肠

皱胃

5

瘤胃中的微生物产生氨基酸。氨基酸是构成蛋白质的基本物质。

30%

消化所耗的能量占从食物中获取的总能量的比例。

6

消化和吸收过程结束后，剩余的物质通过小肠和大肠，残渣在其中进行发酵，形成粪便。

4

皱胃分泌强酸以及消化酶，消化食团（咀嚼后的食物）。

8小时

反刍动物一天中进行反刍的时间。

睡鼠与冬眠

西方流传着这样一句古老的谚语：像睡鼠一样死透了。尽管睡鼠只是进入了冬眠，并非死亡，但这句谚语却非常形象。寒冷的冬季食物匮乏，许多哺乳动物都会进入冬眠。随着体温降低、心跳减速、呼吸减缓，冬眠的动物会失去意识，就如同死去一样。

睡鼠
（榛睡鼠）

栖息地	几乎遍布欧洲
习性	每年冬眠4个月
妊娠期	22天～28天

苏醒后的睡鼠

睡鼠冬眠期间消耗的能量由它们在秋季所积累的皮下脂肪提供。它们从树叶、树皮、坚果以及其他食物中获取养分。进入冬眠前，睡鼠会不停地进食，储备过冬的能量。

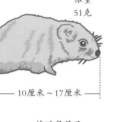

体重
51克

10厘米～17厘米

榛睡鼠尾巴很长，可达13.5厘米

35
摄氏度
正常体温

②
将材料团成球体
睡鼠将收集来的材料团成一个球体。

①
筑窝材料
睡鼠四处收集树枝、树叶、青苔、羽毛以及毛发筑窝。

300克
进入冬眠前，睡鼠体内囤积大量脂肪，体重可达300克。

橡树叶
睡鼠非常喜欢橡树叶。

8个月
一年中睡鼠清醒活动的时间。

三月

坚果
尽管睡鼠也能捕食蜗牛和昆虫，但在进入冬眠前它们会以坚果为主食

板栗
板栗提供的热量成为了睡鼠体内储存的能量

橡果
橡木的果实是睡鼠最喜欢的食物

筑窝

睡鼠用树枝、苔藓、羽毛以及树叶筑窝。它们可以在树上、石墙或老建筑里冬眠，也可以在用软毛、羽毛以及树叶筑的窝里冬眠。小窝筑成后，它们惬意地钻进去并蜷缩成球状。

50%

睡鼠消耗完体内所储能量后剩余的体重

③ 空心球体

睡鼠筑的球窝如同灶巢鸟的窝一样，必须是空心的球体，这样睡鼠才能在其中安眠。

④ 大功告成

带有一个入口的空心球窝筑好了。

十一月

冬眠

睡鼠在冬眠期间进入深睡眠，体温降至1摄氏度，心率明显降低。冬眠期间，睡鼠的呼吸间隔可长达50分钟。睡鼠缓慢地消耗着自身储备，体重降至进入冬眠前的一半，其内分泌系统几乎完全停止工作。

1 摄氏度

冬眠期间睡鼠的体温。

4 个月

一年中睡鼠冬眠的时间。

十二月

睡鼠冬眠的身体

尾部
睡鼠用尾巴包裹部分身体。

头部
睡鼠用尾巴包裹住头部。

足
冬眠过程中，睡鼠的足一直呈屈曲状态。

心脏
心跳明显减慢。

呼吸
呼吸间隔可达50分钟。

热量
睡鼠从秋天储存的皮下脂肪中获得热量。

二月

其他类型的冬眠场所

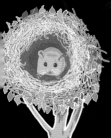

鸟巢
如果睡鼠没有找到筑巢的地方，它们可能会占据鸟巢作为自己冬眠的场所。

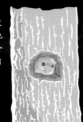

树洞
树洞也可以成为睡鼠冬眠的洞穴

睡鼠冬眠的生物节律

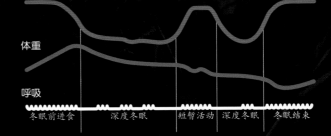

温度

体重

呼吸

冬眠前进食　深度冬眠　短暂活动　深度冬眠　冬眠结束

憋气纪录保持者——抹香鲸

抹香鲸是一种神奇的动物。抹香鲸能潜至3000米深的水下，并能在水中憋气长达2小时。抹香鲸拥有的复杂生理机制是它们能进行上述行为的关键，该生理机制能够降低抹香鲸心率，将氧气储存在肌肉内并进行调用，以及将氧气优先输送至重要器官，如心脏和肺。抹香鲸也是最大的有牙齿的鲸，它们的牙齿仅生长在下颌上。

抹香鲸

栖息地	海洋
保护级别	易危
性成熟年龄	18岁

长达18米

体重

20吨～90吨

相当于

11头体重为8吨的大象

120分钟

抹香鲸在水下憋气的最高时长。

1 喷气孔

抹香鲸从其头顶的喷气孔吸入氧气。

2 重新分配氧气

抹香鲸能将原本会流向消化系统的氧气优先输送至其他重要器官，比如肺和心脏。

鼻孔（喷气孔）

抹香鲸只用左鼻孔呼吸，右鼻孔天生阻塞。

嘴

因为有鼻孔的存在，抹香鲸游动的时候可以张着嘴捕获猎物。抹香鲸以枪乌贼为食。

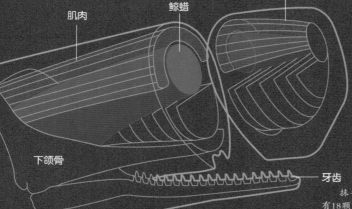

肌肉

鲸蜡

下颌骨

牙齿

抹香鲸每个下颌骨上有18颗～20颗锥形牙齿，每颗牙重达1千克。

鲸蜡器

抹香鲸出色的潜水能力有部分来自于脑部的鲸蜡器。鲸蜡器由大量的蜡状油组成，它能帮助抹香鲸上浮或深潜。鲸蜡的密度随着温度和压力而变化。此外，鲸蜡器有助于聚集回声定位，在光线不足的情况下为抹香鲸导航。

鲸蜡器组成物
90% 鲸蜡

由甘油三酸酯和其他酯类组成。

呼吸功能的进化

抹香鲸潜入深海时，会激活一个利用体内氧气的生理机制。这会让它的胸部和肺部塌陷，使氧气从肺部进入气管，避免吸收有害的氮气。上浮时，抹香鲸又将氮气从血液迅速传送到肺部，从而减少进入肌肉的血液量。抹香鲸的肌肉含有大量的肌红蛋白，能够储存氧气，这能让抹香鲸在水下待得很久。

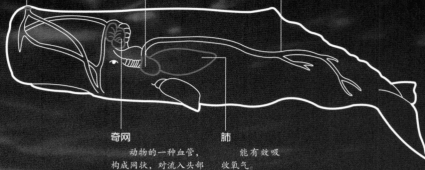

喷气孔
在潜水期间，喷气孔被水填满并降温，冷却的鲸蜡油更加黏稠。

心脏
潜水期间，心跳减速，限制氧气消耗量。

血液
富含血红蛋白的血液将氧气输送到大脑及身体其余部分。

奇网
动物的一种血管，构成网状，对流入头部的血液进行过滤。

肺
能有效吸收氧气。

尾鳍
抹香鲸的尾鳍水平而巨大，是主要的动力来源。

在海面上
喷气孔保持开启状态，尽可能多地吸入氧气。

潜水时
抹香鲸强有力的肌肉紧紧锁住喷气孔，防止水进入。

3 心跳减慢
潜水期间，抹香鲸的心跳减慢，以减少氧气消耗。

潜水

抹香鲸是当之无愧的潜水冠军，能潜至水下3 000米处，捕食鱿鱼时的速度可达每秒3米。通常抹香鲸潜水时长约50分钟，但极限高达两小时。进行深潜时，抹香鲸高抬尾鳍，使其完全露出水面，继而快速下沉。抹香鲸没有背鳍，但身体尾部有数个三角形隆起。

0 米
在海面上
抹香鲸通过头顶上方的喷气孔吸入氧气。

水下1 000 米
90 分钟
它们将90%的氧气存储在肌肉里，以延长潜水的时间。

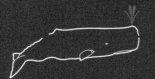

0 米
在海面上
抹香鲸浮出海面"喷水"，将肺里的空气排空。

精打细算地利用氧气

抹香鲸潜水所能到达的深度以及待在水下的时间，足以称霸哺乳动物纲，这是因为抹香鲸有数种节约氧气的技巧：它们能将氧气储存在肌肉内；能进行厌氧型新陈代谢；在潜水过程中减缓心跳。

 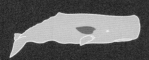

15%
人呼吸一次所更换的空气占体内空气的比例。

85%
抹香鲸呼吸一次所更换的空气占体内空气的比例。

夜间飞行

蝙蝠是世界上唯一能飞的哺乳动物。蝙蝠的手指很长，指间由一层膜（翼膜）连接，形成翼。蝙蝠的感觉系统非常敏锐，它们能够在黑暗中迅速而准确地行动、捕食。

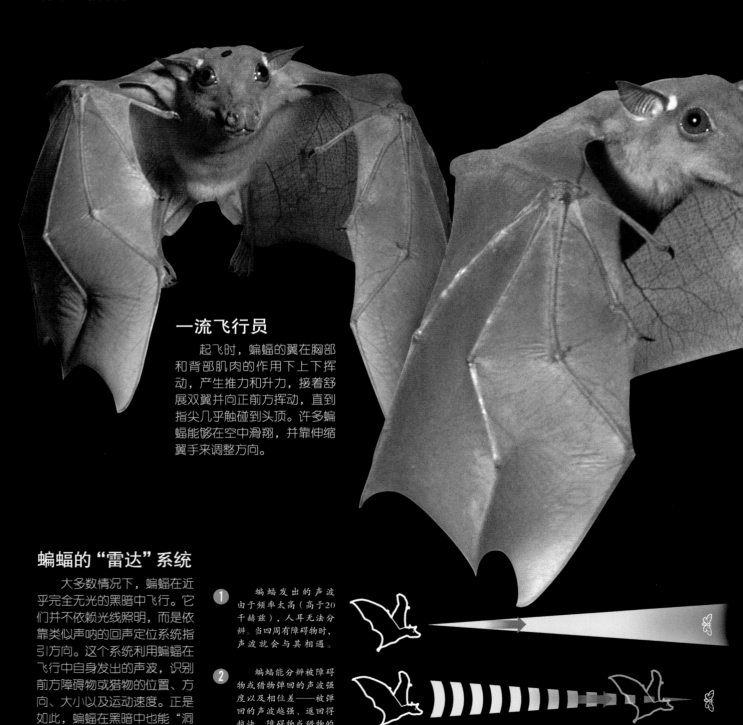

一流飞行员

起飞时，蝙蝠的翼在胸部和背部肌肉的作用下上下挥动，产生推力和升力，接着舒展双翼并向正前方挥动，直到指尖几乎触碰到头顶。许多蝙蝠能够在空中滑翔，并靠伸缩翼手来调整方向。

蝙蝠的"雷达"系统

大多数情况下，蝙蝠在近乎完全无光的黑暗中飞行。它们并不依赖光线照明，而是依靠类似声呐的回声定位系统指引方向。这个系统利用蝙蝠在飞行中自身发出的声波，识别前方障碍物或猎物的位置、方向、大小以及运动速度。正是如此，蝙蝠在黑暗中也能"洞察"周围。

1 蝙蝠发出的声波由于频率太高（高于20千赫兹），人耳无法分辨。当四周有障碍物时，声波就会与其相遇。

2 蝙蝠能分辨被障碍物或猎物弹回的声波强度以及相位差——被弹回的声波越强、返回得越快，障碍物或猎物的距离就越近。

冬眠

冬季，蝙蝠倒挂在山洞或阴暗的地方，进入昏昏沉沉的睡眠状态。蝙蝠正常活动时符合恒温动物的特征，然而进入冬眠后却表现出冷血动物的特征。蝙蝠比任何哺乳动物都更容易且能更快地进入冬眠。它们即使不吃不喝，也能在低温环境下生存数月，甚至在冰箱里也能存活很久。

97 千米/时
蝙蝠飞行的最高速度。

反曲肩果蝠

栖息地	加纳、刚果
目	翼手目
翼展长度	36厘米

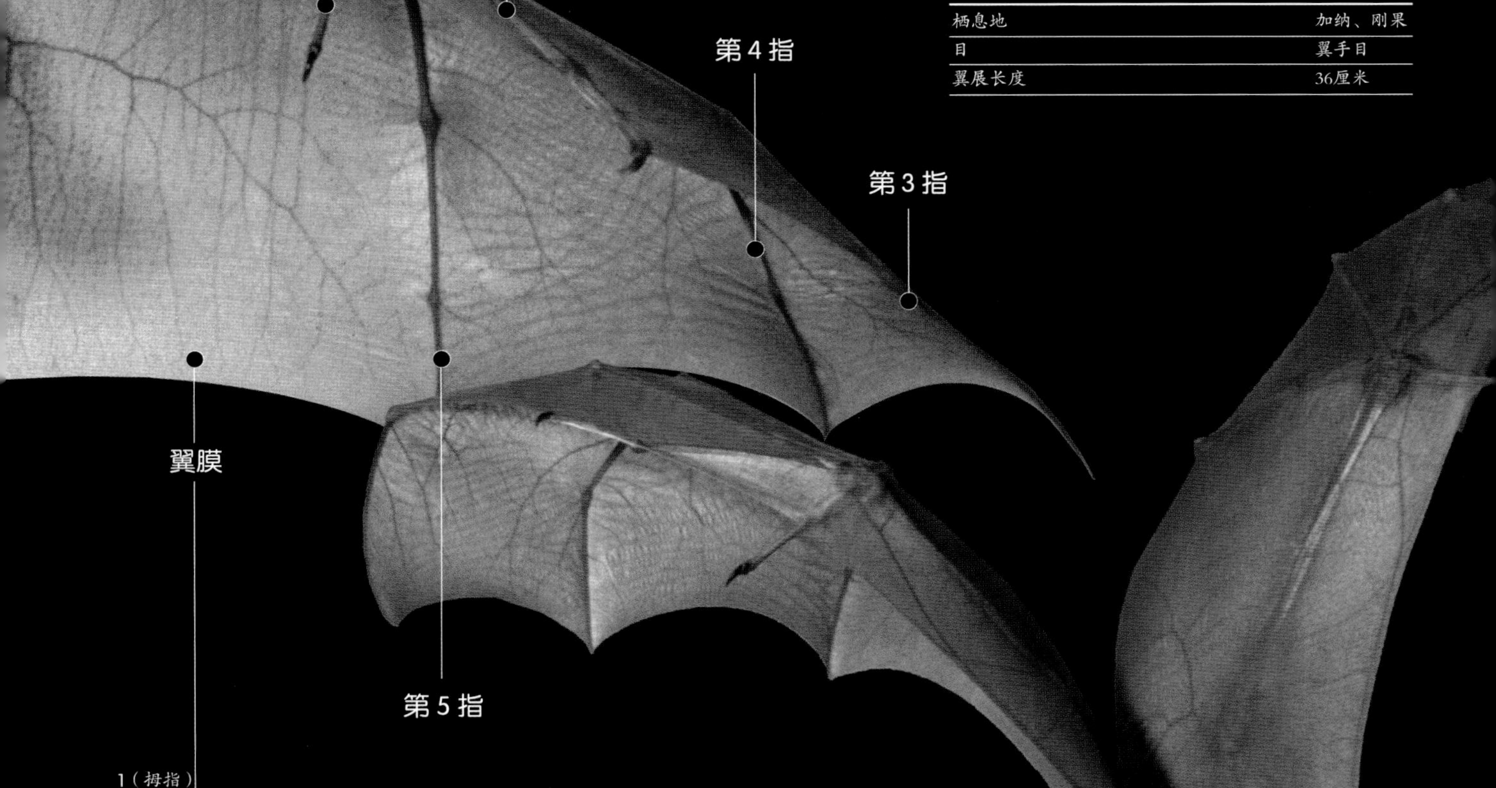

肱骨　桡骨　拇指　第2指　第4指　第3指

翼膜

第5指

1（拇指）
2
3
4
5

翼手
蝙蝠的拇指没有翼膜，作用类似爪。蝙蝠靠有力的肌肉挥动翼手。

尾膜

弹性纤维
蝙蝠的翼柔软而富有弹性，遍布血管。

富有弹性的翼

翼膜由蝙蝠指间的膜构成。部分种类的蝙蝠生有尾膜，连接后肢与尾部。蝙蝠的翼不仅是飞行器官，同时也能维持蝙蝠体温，还能困住昆虫等猎物。

水下语言大师——鲸类

在整个动物界，鲸目动物之间的沟通方式最为复杂精妙。以海豚为例，它们能用多种方式传递重要信息。当它们陷入麻烦时，会用下颌发出咔嗒声；感到害怕或激动时，会反复发出哨声；求偶和交配期间，它们会爱抚对方。海豚还能通过视觉信号沟通，举个例子，跳跃的动作表示附近有猎物。

玩耍

玩耍对于海豚，以及其他哺乳动物来说，是确立社会关系的重要方式。

宽吻海豚

科	海豚科
成年个体体重	150千克～650千克
寿命	30年～40年

2米～4米

海豚游速可达35千米/时。

额隆

额隆里充满了低密度脂质，其作用是聚集海豚发出的声波并引导声波的方向。为了更好地聚集声波，不同海豚的额隆形状并不完全相同。

呼吸孔　声唇

鼻腔气囊

背鳍

帮助海豚在水中保持平衡。

喉

尾鳍

与鱼类不同，海豚的尾鳍有一根横轴。

胸鳍

1 发声

空气通过鼻腔气囊时会发出声响，但这些声响还需要额隆进行放大，以达到更高的频率和强度。

海豚是如何发声的

1 吸气

空气从张开的呼吸孔进入体内。

呼吸孔

空气进入肺部。

2 鼻腔气囊充气

海豚憋气时长可达12分钟。

4 鼻腔气囊放气。

额隆

声音

肺里的空气

3 呼气

空气在鼻腔气囊中发生共振，产生的声波进入额隆。

大脑

下颌骨

下颌骨在声音传输到内耳的过程中扮演着非常重要的角色。

3 接收与理解

中耳将信息传送到大脑。海豚能听到的声音频率范围是100赫兹~150千赫兹（人类能听到的上限是20千赫兹）。低频信号（口哨、呼噜声、咕噜声、咔嗒声）对群居的海豚或鲸类至关重要。

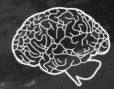

1.4 千克

人脑重量。

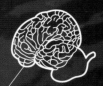

1.7 千克

海豚大脑的重量。

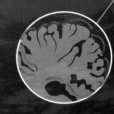

丰富的神经元

海豚的大脑能够处理各种信号。海豚大脑上的褶皱比人类至少多出1倍，神经元多出近0.5倍。

中耳

2 信息

海豚用低频声波进行沟通，用高频声波进行导航和测距。

1500 米 / 秒

声波在水中的传播速度比在空气中快4.5倍。

回声定位能力

A 海豚从鼻腔发出一系列咔嗒声。

B 咔嗒声在额隆聚集，准确地向前发出。

C 声波在前进途中遇到障碍物。

E 回声的强度、频率以及返回时间反映了障碍物的大小、位置以及方向。

D 部分声波被弹回，以回声的形式返至海豚处。

带回声的声波信号

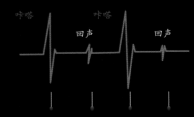

咔嗒　　咔嗒

回声　　　　回声

鸟的秘密

什么是鸟？也许大部分人脑海中会立即出现一种身披羽毛、前肢演化成翼、有喙无齿的动物形象。除了上述特点之外，鸟类还具有以下特点：恒温、长有含气骨——气腔代替了骨髓的不规则骨。鸟类还具有高效的循环系统和呼吸系统，以及高度协调的神经、肌肉和感官。

丰富的种类与高相似度

鸟类能生活在各种各样的环境中：水生环境、空中、陆地以及两极地区与热带地区。鸟类成功地适应了不同的环境，然而不同品种的鸟之间的区别却很小，彼此高度相似。

1.6 克
世界上最小的鸟的体重。

瑰喉蜂鸟

非洲鸵鸟

150 千克
世界上最大的鸟的体重。

企鹅

飞行的秘诀

鸟类飞行的秘诀体现在数个关键的解剖学和生理学特征上。它们的身体和羽毛能减少空气阻力，利于飞行。它们强健的肌肉、轻巧的骨骼、气囊以及完全的双循环系统都在飞行过程中发挥着重要作用。

41 摄氏度
鸟类的体温。

羽毛
羽毛是鸟类独有的。鸟类的羽毛结构特殊，五光十色，并且会定期换羽。

翅膀
翅膀为鸟类提供起飞和飞行的动力，并有调整方向的作用。翅膀的骨骼结构特殊，并被特殊的羽翼覆盖。

零下 **60** 摄氏度
南极的企鹅能耐受的最低温度。

腿

飞羽

附骨

尾下覆羽

尾
末端的椎骨合成尾综骨，尾羽从该位置伸展而出。

结构
鸟爪和翅膀的位置恰到好处，能使鸟的重心居中，保持自身的平衡。

白喉带鹀
生活在北美以及伊比利亚半岛的小型鸟类。

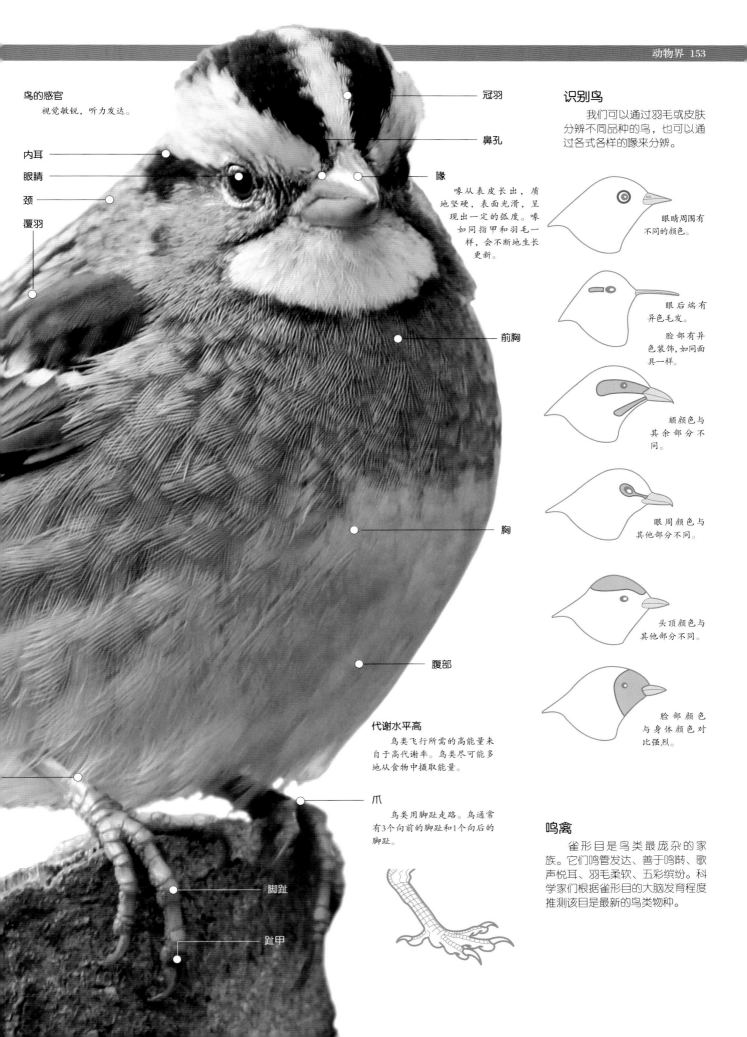

鸟的感官
视觉敏锐，听力发达。

内耳

眼睛

颈

覆羽

冠羽

鼻孔

喙

喙从表皮长出，质地坚硬，表面光滑，呈现出一定的弧度。喙如同指甲和羽毛一样，会不断地生长更新。

前胸

胸

腹部

代谢水平高
鸟类飞行所需的高能量来自于高代谢率。鸟类尽可能多地从食物中摄取能量。

爪
鸟类用脚趾走路。鸟通常有3个向前的脚趾和1个向后的脚趾。

脚趾

趾甲

识别鸟
我们可以通过羽毛或皮肤分辨不同品种的鸟，也可以通过各式各样的喙来分辨。

眼睛周围有不同的颜色。

眼后端有异色毛发。

脸部有异色装饰，如同面具一样。

额颜色与其余部分不同。

眼周颜色与其他部分不同。

头顶颜色与其他部分不同。

脸部颜色与身体颜色对比强烈。

鸣禽
雀形目是鸟类最庞杂的家族。它们鸣管发达、善于鸣啭、歌声悦耳、羽毛柔软、五彩缤纷。科学家们根据雀形目的大脑发育程度推测该目是最新的鸟类物种。

鸟的超强感官

除了触觉之外，鸟类的所有感官都集中在头部。与自身体形相比，它们的眼睛非常大，可以看清远处的事物。鸟拥有超过300度的视野，非常宽阔，但大部分鸟的双目视野（双眼重合视域）很窄。鸟的耳朵是一个简单的孔，但在夜间活动的掠食性鸟类听觉十分发达，能识别人耳听不出的声音。不过，鸟类的味觉并不发达。

鸟类的耳朵

鸟类的耳朵比哺乳动物的结构简单。鸟没有外耳，部分鸟的耳朵被羽毛覆盖。鸟类耳朵的特别结构为耳柱骨。鸟类拥有敏锐的听力。另外，在保持身体平衡和飞行过程中，耳朵都发挥着重要的作用。某些种类的鸟，它们的耳朵起气压计的作用，可以感知所在高度。

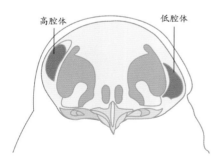

高腔体　　　　低腔体

耳朵的位置

鸟类的两只耳朵的位置并不对称。夜间活动的掠食性鸟类，例如猫头鹰，能够利用双耳不对称的特性对声源进行三角测量，准确找到猎物。

触觉、味觉和嗅觉

鸟类的喙和舌头触觉发达，尤其是滨鸟类（如鸭）和啄木鸟这类使用喙和舌头觅食的鸟。鸟类的舌头较窄，味蕾很少，但足以分辨咸味、甜味、苦味和酸味。鸟类的嗅觉不发达，尽管其鼻腔足够宽，但缺少嗅觉上皮细胞。不过，鹬鸵和食腐鸟类（如秃鹫）的嗅觉上皮细胞较为丰富。

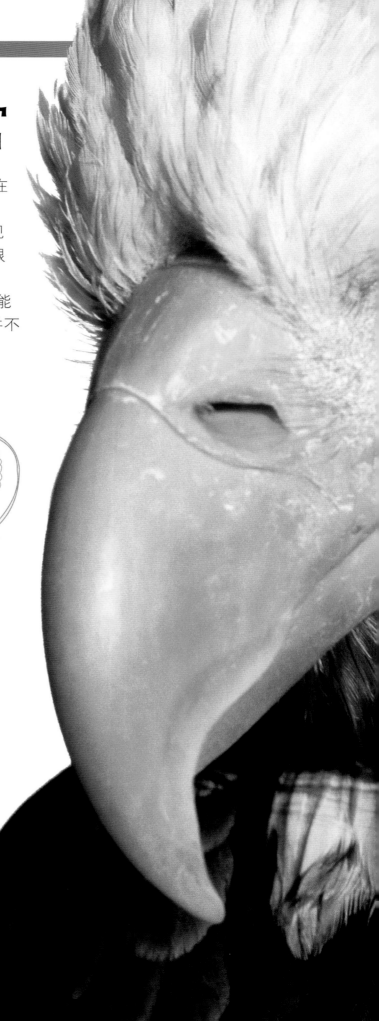

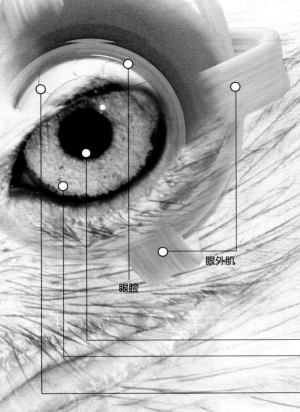

眼外肌

眼睑

视觉

眼是鸟类最发达的感官，鸟类的某些飞行动作以及远距离识别猎物的能力都与视觉紧密相关。鸟类的眼睛较大，因为在一系列巩膜骨环的支撑下，其水晶体以及眼角膜凸出眼眶。掠食性鸟类的眼睛几乎是管状的，眼睛周围的肌肉改变了眼睛的形状，也改变了水晶体，从而获得了更高的视觉灵敏度。通常，鸟类眼睛的放大倍数为人类的20倍，而一些可以潜水的鸟类则高达60倍。鸟类眼睛的光敏度也极高，一些种类的鸟能感知人眼无法感知的光谱。

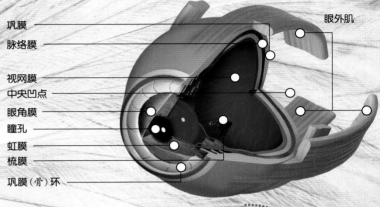

巩膜

脉络膜

视网膜

中央凹点

眼角膜

瞳孔

虹膜

梳膜

巩膜（骨）环

眼外肌

视野

大多数鸟类的眼睛位于头部两侧，视野范围高达300多度。每只眼睛覆盖不同的区域，仅在很窄的双目视野范围内才会同时聚焦到同一事物上。

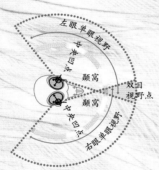

左眼单眼视野
中央凹点
颞窝
颞窝
双目视野点
中央凹点
右眼单眼视野

人类的视野

人类的眼睛位于面部正前方，同时转动，看向同一片区域。人类无法控制双眼分别看向不同的区域。

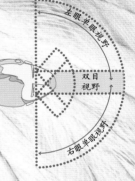

左眼单眼视野
双目视野
右眼单眼视野

双目视野

双目视野是准确目测距离的关键。大脑会将每只眼睛接收的图像当作彼此独立的图像，分别进行处理，然后根据两幅图像的细微差别生成一幅立体的、能够体现距离的图像。对于掠食性鸟类而言，能否准确测定距离关系到自身的存亡。它们的眼睛位于面部正前方，能够提供更宽阔的双目视野。眼睛位于两侧的鸟类虽然需要通过转动头部才能估测距离，但是它们的侧眼提供了更广阔的视野，能够及早看到捕食者，避免成为其猎物。猫头鹰拥有鸟类中最宽的双目视野——70度。

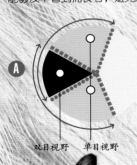

Ⓐ Ⓑ

双目视野　单目视野

掠食性鸟类的视野

位于面部正前方的双眼虽然损失了部分单目视野，但提供了更宽的双目视野。

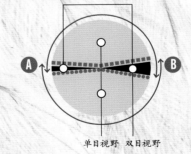

Ⓐ Ⓑ

单目视野　双目视野

非掠食性鸟类的视野

侧眼提供了360度的单目视野，但也因此缩小了双目视野。

Ⓐ Ⓑ

Ⓐ Ⓑ

翅膀

　　翅膀是高度进化的手臂，凭借独特的结构与形状，它赋予鸟类飞行能力。不同种类的鸟的翅膀形态与功能也不同。例如企鹅不会飞，它们用翅膀游泳。动物界中有翅膀的物种不止鸟类一种，然而鸟类的翅膀是最适合飞翔的。鸟类的翅膀轻盈耐用，甚至可以在飞行过程中调整形状和状态。科学家们研究鸟类的翅膀和体重间的关系时，提出了翼载荷的概念，这一概念能够解释不同种类的鸟的飞行方式。

动物界中的各种翅膀

　　无论是最早出现的翼手龙，还是当代的各种鸟类，它们的翅膀本质上都是进化后的手臂。从古至今，翅膀一直在进化，其标志就是骨骼发生改变。非鸟类动物的翼是具有弹性的皮肤形成的翼膜，不仅覆盖着手骨和躯体，某些动物的翼膜还覆盖了腿部。鸟类的翅膀则大不相同，是由皮肤、骨头以及肌肉构成的复杂系统，其表面还覆盖了羽毛。除此之外，鸟类的翅膀还体现出了对不同栖息环境的适应。

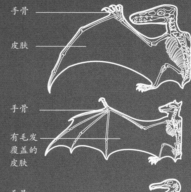

手骨
皮肤

翼手龙
　　翼手龙的翅膀仅附着在1根手指上，其余手指构成爪。

手骨
有毛发覆盖的皮肤

蝙蝠
　　蝙蝠的翼膜附着在4根手指上，拇指则形成爪。

手骨
羽毛

鸟类
　　鸟类的手指形成翅膀的顶端，初级飞羽沿顶端生长。

翅膀的类型

　　为了适应不同的环境以及飞行模式，更为了节约能量，不同种类的鸟有着不同的翅膀形状。翅膀形状还取决于鸟的大小。因此，初级飞羽和次级飞羽的数量随着种类的变化而变化。

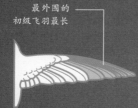

最外围的初级飞羽最长

适合高速飞行的翅膀
　　这种翅膀的飞羽大而紧密，耐拍打，翅膀表面积较小，减少了飞行中承受的额外阻力。

次级飞羽比初级飞羽更长

椭圆形的翅膀
　　椭圆形的翅膀易于操控，能胜任多种飞行模式，大多数鸟类的翅膀就属于该种类型。

羽根与羽支处均彼此独立

适合在陆地上空翱翔的翅膀
　　这一类翅膀较宽，适合低速飞行，分区的飞羽在滑翔中能够防止颤振。

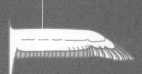

次级飞羽数量多

适合在海面上空翱翔的翅膀
　　这一类翅膀长而窄，特别适合逆风滑行。

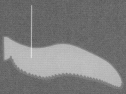

翅膀上遍布短羽毛

适合游泳的翅膀
　　为了便于游泳，企鹅翅膀上的羽毛变短，主要起防水作用。

翼展与翼载荷

翼展指的是翅膀两端的距离。翼展与宽度决定了翅膀的表面积——衡量鸟类飞行能力的重要指标。体重与翅膀表面积之比称为翼载荷。翼载荷对于研究某些鸟类的飞行能力非常关键。信天翁翅膀很大，翼载荷较低，所以它们擅长滑翔；蜂鸟翅膀小，翼载荷大，它必须快速拍打翅膀才能保持飞行状态。翼载荷越低，该鸟越擅长滑翔；翼载荷越高，鸟的飞行速度就越快。

3.5米

漂泊信天翁

1.5米

7.3米

阿根廷巨鹰
（已灭绝）

指骨
指骨
腕掌骨
小翼指
尺骨
桡骨
肱部
喙突
胸骨或龙骨

初级飞羽
初级飞羽负责提供推进力。

初级覆羽
初级覆羽覆盖着飞羽，它与小翼指联动，能灵活地改变翅膀的形状。

中覆羽
中覆羽略微立起便能改变翅膀升力。

次级飞羽
不同种类的鸟的次级飞羽数量相差较大。

大覆羽
大覆羽扩展了翅膀的表面积，也覆盖了不同飞羽的连接处。

三级飞羽
与次级飞羽共同组成翅膀表面。

绒羽
由于不具备羽纤支，绒羽不能连成羽片，蓬松成绒状。

初级飞羽
能飞的鸟，其初级飞羽数量为9支~12支；善走而不能飞的鸟，初级飞羽数量可多达16支。

另有妙用的翅膀

企鹅的翅膀是适应环境的典型例子。它如同鱼鳍一般，在水下为企鹅提供动力。而具备奔跑能力的鸟类，它们的翅膀最主要的作用是在奔跑中保持身体平衡。这类鸟中的鸵鸟还能通过伸展或拍打双翼，炫耀华丽的羽毛进行求偶，甚至通过挥动翅膀通风，有效降低体温。

功能
鸵鸟的翅膀不仅能调节温度，求偶期间还能吸引异性。

鱼的结构

大多数鱼类都具有与两栖动物、爬行动物、鸟类以及哺乳动物一样的内脏器官。鱼的大脑从眼睛和侧线处获得信息，协调全身肌肉，在骨骼的支撑下，使鱼能够自由游动。鱼通过鳃呼吸，它们的消化系统能将食物转化为能量，它们的心脏也通过血管网输送血液。

圆口纲

圆口纲动物的消化道从圆形的嘴部直通肛门。正是由于结构简单，许多七鳃鳗的种类都是寄生虫，以吸其他鱼类的血液为生。圆口纲动物没有鳃，鳃囊替代了鳃的作用。

软骨鱼纲

鲨鱼的器官结构与硬骨鱼相似，但是鲨鱼没有鱼鳔。此外，鲨鱼的肠末端有螺旋状结构，称为螺旋瓣，其作用是增大肠内面积，便于充分吸收养分。

45
目前圆口纲动物的品种数。

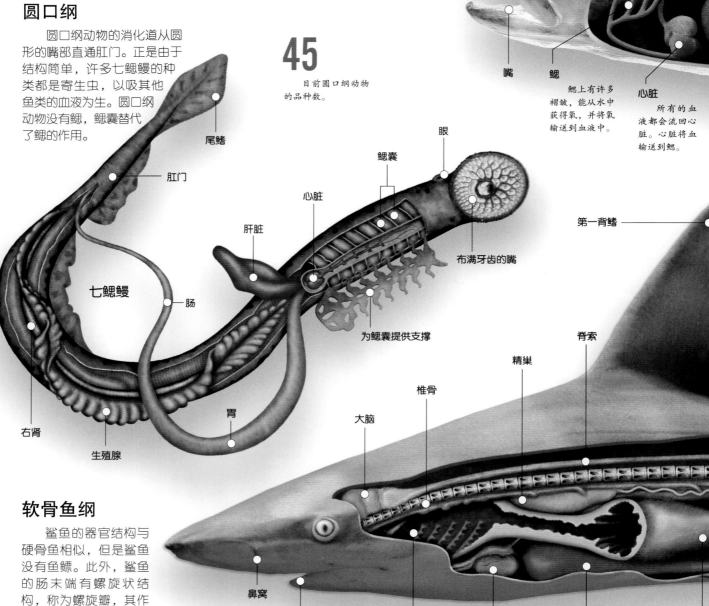

鱼眼
鱼的眼睛分别位于头的两侧，不具备双目视野。
悬韧带
水晶体
虹膜
视网膜
视神经

大脑
接收信息，协调所有行动以及生理功能。

嘴　鳃
鳃上有许多褶皱，能从水中获得氧，并将氧输送到血液中。

心脏
所有的血液都会流回心脏。心脏将血输送到鳃。

尾鳍
肛门
七鳃鳗
肠
右肾
生殖腺
胃

心脏
肝脏
鳃囊
眼
布满牙齿的嘴
为鳃囊提供支撑

第一背鳍
脊索
精巢
椎骨
大脑

鲨鱼
鼻窝
嘴
咽鳃裂
心脏
肝脏
胃

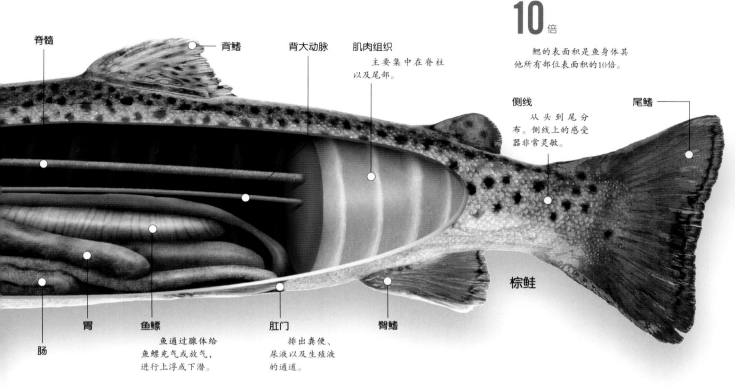

脊髓

背鳍

背大动脉

肌肉组织
主要集中在脊柱以及尾部。

10 倍
鳃的表面积是鱼身体其他所有部位表面积的10倍。

侧线
从头到尾分布。侧线上的感受器非常灵敏。

尾鳍

棕鲑

肠

胃

鱼鳔
鱼通过腺体给鱼鳔充气或放气，进行上浮或下潜。

肛门
排出粪便、尿液以及生殖液的通道。

臀鳍

骨鱼纲

硬骨鱼纲的器官通常压缩至身体的下半部，余主要由于游泳的肌组成。部分硬骨鱼，如鱼，没有胃，只有螺旋的肠子。

调节体内盐度

淡水鱼
为避免体内盐分流失，淡水鱼仅摄入少量水，还需从食物中补充盐分。

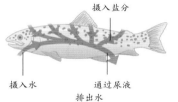

摄入盐分

摄入水

通过尿液排出水

咸水鱼
咸水鱼吸取环境中的盐水补充体内水，同时必须将多余的盐分排出。

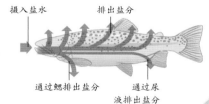

摄入盐水

排出盐分

通过鳃排出盐分

通过尿液排出盐分

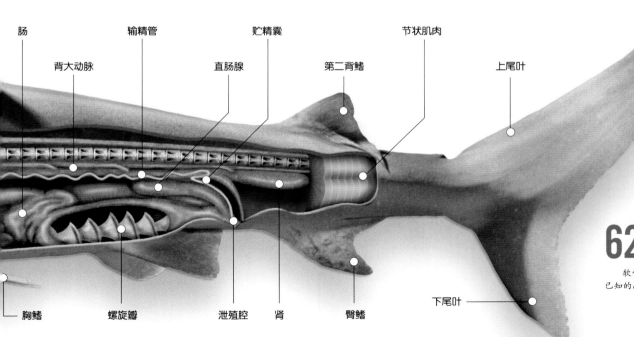

肠

输精管

贮精囊

节状肌肉

背大动脉

直肠腺

第二背鳍

上尾叶

胸鳍

螺旋瓣

泄殖腔

肾

臀鳍

下尾叶

620 种
软骨鱼纲目前已知的品种数。

保护层

大部分的鱼身体外层都覆盖着一层透明的片状物，称为鳞片。相同种类的鱼的鳞片数量相同，不同种类的鱼的鳞片可能具有不同的特点。侧线附近的鳞片上有小孔以及一系列感觉细胞和神经末梢。通过研究鳞片，可以确定鱼的年龄。

鳞片化石

这些闪亮的、厚厚的、带釉质的鳞片化石是生活在中生代的，现已灭绝的鳞鱼类生物留下的。

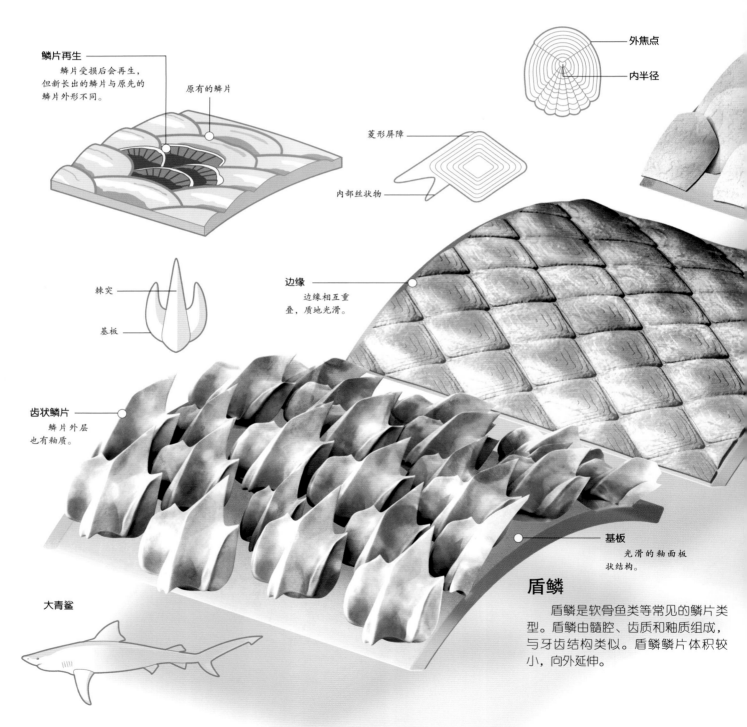

鳞片再生

鳞片受损后会再生，但新长出的鳞片与原先的鳞片外形不同。

原有的鳞片

外焦点

内半径

菱形屏障

内部丝状物

棘突

基板

边缘

边缘相互重叠，质地光滑。

齿状鳞片

鳞片外层也有釉质。

基板

光滑的釉面板状结构。

盾鳞

盾鳞是软骨鱼类等常见的鳞片类型。盾鳞由髓腔、齿质和釉质组成，与牙齿结构类似。盾鳞鳞片体积较小，向外延伸。

大青鲨

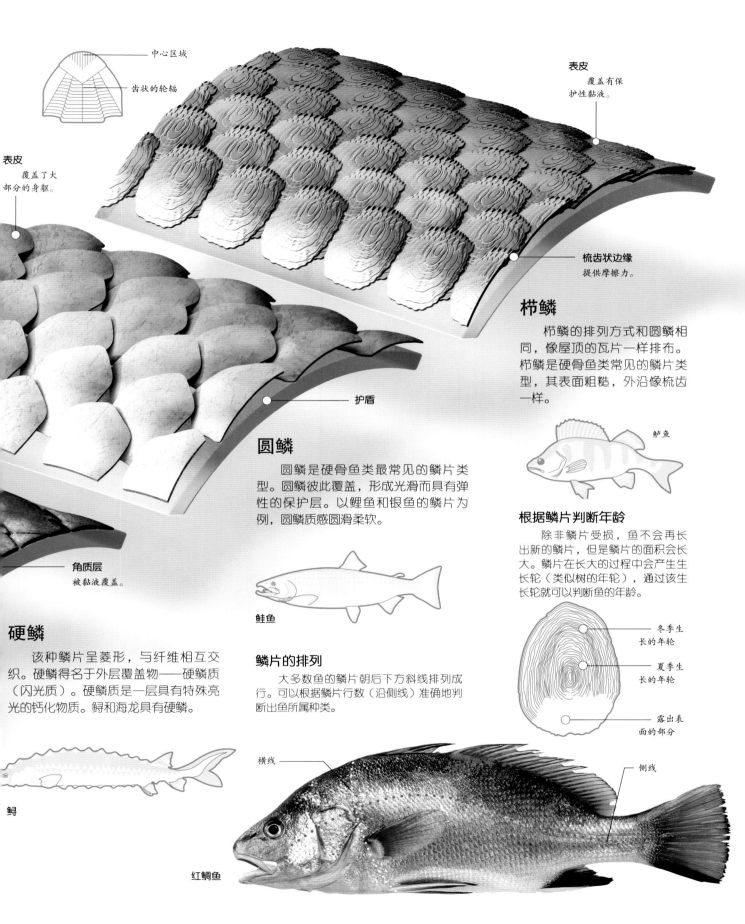

中心区域

齿状的轮辐

表皮
覆盖有保护性黏液。

表皮
覆盖了大部分的身躯。

梳齿状边缘
提供摩擦力。

护盾

角质层
被黏液覆盖。

栉鳞

栉鳞的排列方式和圆鳞相同，像屋顶的瓦片一样排布。栉鳞是硬骨鱼类常见的鳞片类型，其表面粗糙，外沿像梳齿一样。

鲈鱼

根据鳞片判断年龄

除非鳞片受损，鱼不会再长出新的鳞片，但是鳞片的面积会长大。鳞片在长大的过程中会产生生长轮（类似树的年轮），通过该生长轮就可以判断鱼的年龄。

冬季生长的年轮

夏季生长的年轮

露出表面的部分

圆鳞

圆鳞是硬骨鱼类最常见的鳞片类型。圆鳞彼此覆盖，形成光滑而具有弹性的保护层。以鲤鱼和银鱼的鳞片为例，圆鳞质感圆滑柔软。

鲑鱼

鳞片的排列

大多数鱼的鳞片朝后下方斜线排列成行。可以根据鳞片行数（沿侧线）准确地判断出鱼所属种类。

硬鳞

该种鳞片呈菱形，与纤维相互交织。硬鳞得名于外层覆盖物——硬鳞质（闪光质）。硬鳞质是一层具有特殊亮光的钙化物质。鲟和海龙具有硬鳞。

鲟

横线

侧线

红鲷鱼

畅游的艺术

鱼在水中能自如地前后、左右、上下游动。游动中，起着保持平衡以及控制方向作用的是鳍，鱼通过调整鳍的角度改变方向，通过摆动偶鳍或奇鳍保持平衡。

倒游鲶倒着游动，能发现其他鱼不易察觉的食物。

倒游鲶

肌肉

鱼尾肌肉强健有力，能发挥类似船桨的作用。

大白鲨

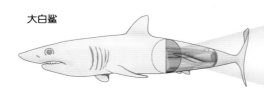

常规的慢速运动由红肌主导

白肌体积更大，能提供瞬间爆发力，让鲨鱼加速运动，但难以持久

开始游动的第一步

鱼在水中游动的方式类似蛇滑行的动作。鱼向两侧小幅度摆动头部，接着像写字母S一样扭动身体，开始游动。

鱼游动时产生的水波，其波峰由尾部向头部运动。

尾部左右摆动，拨动周围的水

起初，尾部与头部平行

流线型

圆滑的外形对鱼而言的重要性，如同龙骨对于船一样至关重要。鱼的大部分身体结构都集中在身体前半部分。游动过程中，鱼的体形使身体前方的水可以平滑流到尾部，减少了阻力。

头部左右摆动

鱼的脊柱

船的底部有一根沉甸甸的龙骨，用来防止船倾覆。鱼的"龙骨"（脊柱）位置相反，位于身体最顶端。一旦鳍无法正常发挥作用，鱼全身最重的脊柱就会受重力影响下沉，导致鱼倒翻过来。因此，死去的鱼通常都肚皮朝天。

龙骨

活鱼

死鱼

鱼类游泳冠军

强有力的尾鳍能拨动大量的水

帆状背鳍高度可达鱼身体高度的1.5倍

旗鱼

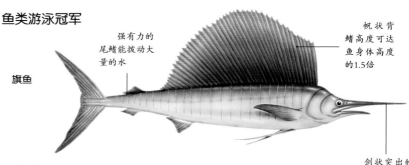

109
千米/时

平鳍旗鱼的最高游速。

剑状突出的吻部能进一步减少其游动时所受的阻力

向前游

脊柱两侧肌肉交替活动，身体进行S形运动，鱼就能向前游动。一些种类的鱼的胸鳍较大，能像船桨一样提供推进力。

鱼向前游动的主要动力由尾部提供。

背鳍保持身体直立

胸鳍负责保持身体平衡，并且能够提供减速和制动

腹鳍也负责保持身体平衡

平衡

当鱼在水中静止或缓慢移动时，会不断调整鳍的方向和角度，从而保持身体平衡。

上下游动

鱼通过调整鳍（位于身体重心处的偶鳍）的角度进行上下游动。

上升

下降

偶鳍

② 强力的摆动

脊柱两侧的肌肉，尤其是尾部肌肉交替收缩，为鱼提供前进的动力。游动产生的水波波峰位于腹鳍及背鳍处。

波峰到达背鳍处，尾鳍朝右摆动

③ 完成一套动作

尾部到达最右端时，头部会再一次转向，开始下一轮动作。

1 秒

猫鲨完成一套游动动作所需的时间。

波峰到达第一背鳍

猫鲨

鱼在力的推动下前进。

鱼群

鱼群通常由同一种类的鱼组成。它们有组织地集体游动，每个个体都承担着特定的角色。

外围的鱼负责保护鱼群

中间的鱼负责控制整个鱼群，并引导路线

鱼群效应

只有硬骨鱼能形成高度有序的鱼群。鱼群虽由成千上万个个体组成，但鱼群能像一条大型的鱼一样灵活运动。鱼群中的个体充分使用视觉、听觉以及侧线感觉，才能达到这种效果。以鱼群形式活动的好处是很难被捕食者攻击，也易于寻找伙伴以及食物。

4 立方千米

大型鲱鱼群的规模。

两栖动物

顾名思义，两栖动物在两种栖息地生活。幼体时，两栖动物生活在水里；成年后，两栖动物主要在陆地上活动。大部分两栖动物需要生活在水体附近，或是非常潮湿的地方，否则就会失水。这个原因是两栖动物可以通过皮肤呼吸，而它们的皮肤必须在水分充足的情况下才能吸收氧。

两栖动物的身体结构

两栖动物的幼体，例如蝌蚪，用鳃呼吸。成体蛙，虽然可以通过皮肤进行呼吸，但大多数种类会发育出肺以及气管、咽和盲囊。此外，它们的心脏有两个心房和一个心室，消化系统和排泄系统与哺乳动物类似。

皮肤

两栖动物可以通过皮肤呼吸。它们的皮肤表面平整，没有毛发或鳞片。两栖动物需要随时保持皮肤湿润。尽管黏液腺能够分泌黏液保持皮肤湿润，它们仍旧不能离开潮湿的环境。两栖动物的皮肤具有伪装作用，能帮助它们躲避天敌。有的种类的皮肤表面的毒腺能够分泌有毒的物质。

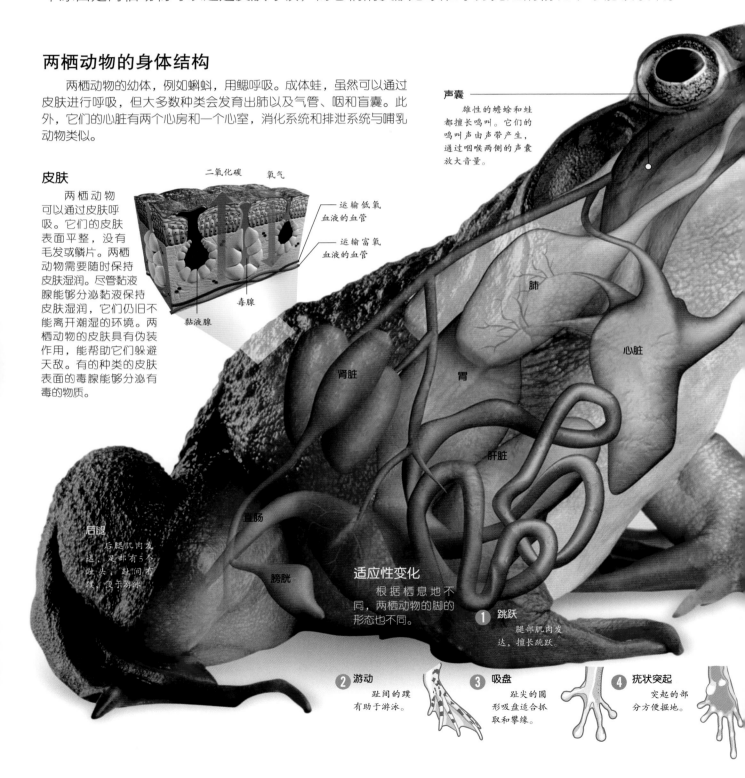

二氧化碳　氧气

运输低氧血液的血管

运输富氧血液的血管

毒腺

黏液腺

声囊

雄性的蟾蜍和蛙都擅长鸣叫。它们的鸣叫声由声带产生，通过咽喉两侧的声囊放大音量。

肺

心脏

肾脏

胃

肝脏

直肠

膀胱

后腿

后腿肌肉发达，足部有5个趾头。趾间有蹼，便于游泳。

适应性变化

根据栖息地不同，两栖动物的脚的形态也不同。

①跳跃
腿部肌肉发达，擅长跳跃。

②游动
趾间的蹼有助于游泳。

③吸盘
趾尖的圆形吸盘适合抓取和攀缘。

④疣状突起
突起的部分方便掘地。

蛙和蟾蜍的区别

蛙和蟾蜍有时候会被混为一谈，甚至有人误以为蛙是雌性蟾蜍。实际上蛙和蟾蜍区别很大。蟾蜍皮肤粗糙、腿短，主要生活在陆地上。蛙体形较小，趾间有蹼，主要生活在水中和树上。

皮肤
蛙的皮肤光滑柔软、色泽鲜艳。

眼睛
蛙的瞳孔是水平的。

眼睛
有些蟾蜍的瞳孔是垂直的，但大部分种类的瞳孔都是水平的。

皮肤
蟾蜍的皮肤粗糙发皱、干燥坚硬。

中华大蟾蜍

非洲树蛙

体态
蟾蜍主要生活在陆地上，行动缓慢，身体比蛙宽。蛙主要生活在水中，趾间的蹼方便游泳。

腿
腿长，适合跳跃。水蛙的趾间有蹼，适合游泳划水。

腿
比蛙的腿短，更适合爬行。

捕食
蟾蜍会把猎物整个吞下，不进行咀嚼。

吞咽
蟾蜍紧闭双眼，向内收缩眼球并向口腔施压，推动食物进入食道。

食物来源

两栖动物的幼体阶段以植物为食。成体的主要食物来源是节肢动物（例如鞘翅目昆虫和蛛形纲动物）以及无脊椎动物（例如蝴蝶幼虫和蚯蚓）。

两栖动物的分类

现存的两栖动物，根据尾和腿的差异，分为三类。蝾螈和火蜥蜴有尾，属于有尾目；蛙科和蟾蜍科仅在蝌蚪时期有尾，成年后无尾，属于无尾目；蚓螈既没有尾也没有腿，形似蠕虫，属于蚓螈目（无足目）。

欧洲树蟾
性情温驯，生活在建筑物附近。

❷ 无尾目
成体没有尾巴的两栖动物。

蚓螈
外形酷似一条肥壮厚实的虫子。

❸ 蚓螈目
不长四肢及肢带[①]的两栖动物。

蛙科动物的腿

蛙科和蟾蜍的每条前腿有4根趾头，每条后腿都有5根趾头。水蛙的趾间有蹼；树蛙的趾尖有吸盘，方便吸附在物体表面上；犁足蛙后腿上有硬质的疣状突起，用于掘地。

虎纹钝口螈
北美地区色彩斑斓的钝口螈物种。

❶ 有尾目
终身有尾的两栖动物。

①肢带：四肢与脊柱的连接骨骼，如肩胛骨。

爬行动物

爬行动物是脊椎动物，它们的皮肤坚硬、干燥、呈片状。与鸟类一样，大多数爬行动物在陆地上产卵，子代无需经历幼虫期就能完全孵化。最早的爬行动物出现于古生代石炭纪，而直到中生代，爬行动物迎来了进化与繁荣的高潮。因此，中生代也被称为爬行动物时代。中生代的23目爬行动物仅有5目存活到了现在。

猴尾蜥

胚膜

爬行动物的胚膜分为两层：一层是保护性羊膜；一层是呼吸尿囊膜。

爬行动物的眼睛

爬行动物的眼睛通常较小，昼行性爬行动物的瞳孔是圆形的。

瞬膜

从眼睛内部伸出并覆盖眼球，起保护作用的膜。

黑凯门鳄

4 765

现存的蜥蜴品种数。

爬行动物的栖息地

爬行动物适应环境的能力很强。除南极洲外的所有大陆都有爬行动物的身影，世界上所有国家都生活着至少一种陆地爬行动物。爬行动物成功征服了世界上最酷热干旱的沙漠、最潮湿闷热的雨林。爬行动物最喜爱的栖息地位于非洲、亚洲、澳大利亚洲和美洲的热带和亚热带地区，这些地区的高温以及丰富多样的猎物有利于爬行动物大量繁衍。

鳄鱼

鳄鱼体形较大。它们的背部，从脖子一直到尾巴都被骨板覆盖着，外形酷似刺或牙。鳄鱼出现在三叠纪末期，是现存的动物中，与恐龙和鸟类亲缘关系最为密切的物种。鳄鱼的心脏分为四个腔室。鳄鱼的大脑发育程度很高，腹部肌肉发达。体形较大的鳄鱼种类性情凶猛，威胁性大。

卵生动物

大部分爬行动物是卵生动物，不过，有许多种蛇和蜥蜴是卵胎生动物（卵在母体内发育成新个体后产出）。

胸腹部

鳄鱼的胸腹部间没有横膈膜，它们利用肌肉辅助呼吸。

美国短吻鳄

有鳞目

有鳞目是现今爬行动物中最大的目，包含了6000余种蜥蜴和蛇。大部分有鳞目动物身体表面都覆盖着角质鳞。有鳞目下又分为蜥蜴亚目、蛇亚目、蚓蜥亚目。有鳞目还包括了现已灭绝的两栖动物，例如有着蛇的身体和蜥蜴的四肢一样的沧龙类。

地球上现存

约 **2900** 种蛇。

蟒蛇

蛇利用外部环境调节体温，例如直射的阳光、石头、树干以及被太阳晒热的地面。

冷血动物

爬行动物的体温随环境温度变化而变化，无法自身调节，所以它们在高温环境下更有活力。

皮肤

蛇的皮肤干燥、厚实、防水，能在非常炎热干燥的气候中保护身体，防止脱水。

玫瑰沙蚺

舌

蛇的舌长，经常伸出口腔，前端分裂，上面分布了味觉器官。其他两栖动物的舌短而厚。

龟类

龟鳖目的最早化石出现在三叠纪，这一目包括陆龟和海龟。龟类的身躯被背壳和腹甲包覆，龟甲是其身体结构非常重要的一部分，龟类的胸椎和肋骨都与其融为一体。龟类无法伸缩坚硬的肋板进行呼吸，只能用胸腹部肌肉辅助呼吸。

赫曼氏陆龟

肺

龟通过活动腿上部的肌肉，起到泵的作用，帮助自己吸气。

约 **300** 种

世界上乌龟的种数。

骨骼

所有的骨骼均已骨化（没有软骨）。

中美洲河龟

冷酷的杀手——蛇

蛇是全身布满鳞片的爬行动物，身体细长，四肢退化。部分种类有毒。和其他爬行动物一样，蛇具有由脊柱和骨骼组成的椎骨系统。攀爬蛇体长而细；穴居蛇相对来说身体较短较粗；生活在海里的蛇尾部扁平，功能类似鳍。

冷血动物
蛇的体温随环境温度变化，自身没有调节体温的机制。

心脏
蛇的心室有不完全的隔膜。

食道

翡翠树蚺

大肠

树枝
蟒蛇能变成它们所缠绕着的树枝的颜色。

来自远古的品种
王蛇和蟒蛇都是最早出现的蛇类。王蛇和蟒蛇虽无毒，却是体形最大、最为强壮的蛇。它们一部分栖息在树上；另一部分，比如生活在南美洲的水蟒，栖息于水中。

10 米
普通蟒蛇的体长。

脊柱
蛇的脊椎数量较多，对神经和动脉起保护作用。它们连接形成脊柱，为蛇提供了极高的灵活性。

椎骨
椎弓
椎体
血管

斑点巨蟒

浮肋
浮肋可以让蛇的身体变大。

肋骨的活动范围

脊椎

浮肋

约 **400** 块
蛇的脊椎数量。

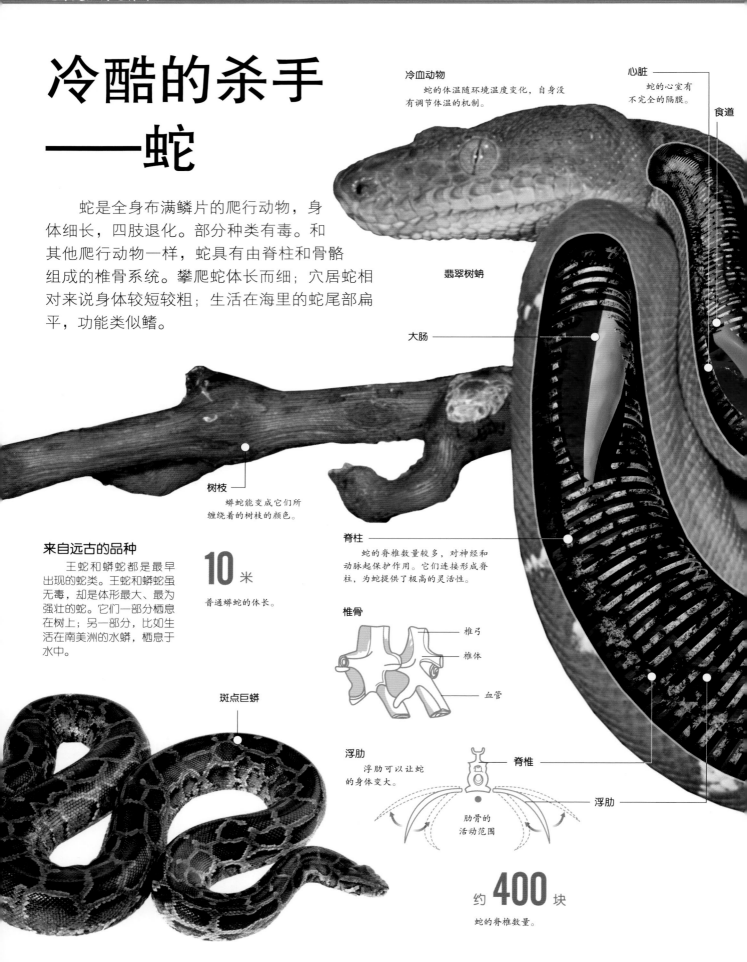

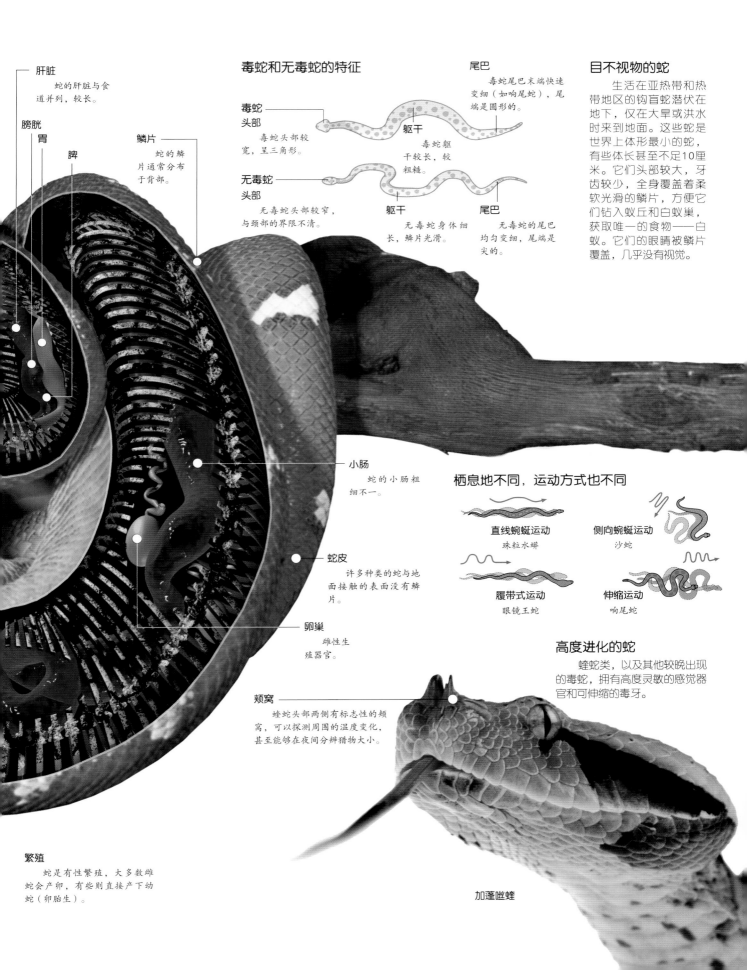

肝脏

蛇的肝脏与食道并列，较长。

膀胱

胃

脾

鳞片

蛇的鳞片通常分布于背部。

毒蛇和无毒蛇的特征

毒蛇

头部

毒蛇头部较宽，呈三角形。

无毒蛇

头部

无毒蛇头部较窄，与颈部的界限不清。

躯干

毒蛇躯干较长，较粗糙。

无毒蛇

无毒蛇身体细长，鳞片光滑。

尾巴

毒蛇尾巴末端快速变细（如响尾蛇），尾端是圆形的。

躯干

尾巴

无毒蛇的尾巴均匀变细，尾端是尖的。

目不视物的蛇

生活在亚热带和热带地区的钩盲蛇潜伏在地下，仅在大旱或洪水时来到地面。这些蛇是世界上体形最小的蛇，有些体长甚至不足10厘米。它们头部较大，牙齿较少，全身覆盖着柔软光滑的鳞片，方便它们钻入蚁丘和白蚁巢，获取唯一的食物——白蚁。它们的眼睛被鳞片覆盖，几乎没有视觉。

小肠

蛇的小肠粗细不一。

栖息地不同，运动方式也不同

直线蜿蜒运动

珠粒水蟒

侧向蜿蜒运动

沙蛇

履带式运动

眼镜王蛇

伸缩运动

响尾蛇

蛇皮

许多种类的蛇与地面接触的表面没有鳞片。

卵巢

雌性生殖器官。

高度进化的蛇

蝰蛇类，以及其他较晚出现的毒蛇，拥有高度灵敏的感觉器官和可伸缩的毒牙。

颊窝

蝰蛇头部两侧有标志性的颊窝，可以探测周围的温度变化，甚至能够在夜间分辨猎物大小。

繁殖

蛇是有性繁殖，大多数雌蛇会产卵，有些则直接产下幼蛇（卵胎生）。

加蓬咝蝰

软体动物

软体动物一般身体柔软，不分节，富有弹性，有厚重的外壳。尽管大多数生活在海里，但湖泊和陆地环境中也可以找到软体动物的踪迹。所有的软体动物都是两侧对称的体型，有头足（头足上有感觉器官）、内脏团以及外套膜——它们的外壳正是由外套膜的分泌物形成的。软体动物还具有一种特殊的口腔结构，称为齿舌。

腹足类

腹足类的软体动物大多肌肉发达并形成足，通过收缩与放松肌肉的方式形成伸缩波来进行移动。蜗牛和蛞蝓都属于腹足类，能够在陆地、海水以及淡水中生活。有壳的腹足类动物，壳呈螺旋形，高度弹性的身体能够完全缩进壳中。腹足类软体动物有眼睛，头上有1对~2对触角。

庭园大蜗牛

消化道

肠

肺

生殖腺

肾脏

心脏

唾液腺

食管

雌性生殖器官

前鳃亚纲

该亚纲的大多数种类为海生软体动物。一部分有厚厚的贝壳珍珠层，一部分的壳质地类似陶瓷。

肺

蜗牛、陆生蛞蝓和淡水蛞蝓都有肺。肺囊使它们可以从大气中获取氧气。

扭转现象

蜗牛身体在壳内发生扭转，外套腔（空腔）从身体后部移动到身体前部，内脏器官发生了180度的大旋转，而消化管和神经交叉呈8字型。

后鳃亚纲

后鳃亚纲均为海生软体动物，螺、壳退化甚至完全无壳。

海天使

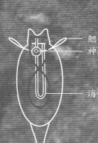

鳃
神经系统

消化腺

双壳类

双壳类指由两片壳包覆的软体动物。双壳类的两壳由壳顶、一条弹性韧带和内收肌连接。壳顶有一系列齿槽，协助两壳闭合；韧带负责打开两壳；内收肌负责闭合两壳。几乎所有的双壳类软体动物都以微生物为食。有的双壳类软体动物把自己埋在潮湿的沙子里，挖出小型隧道获取水和食物。

扇贝

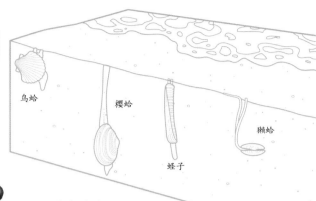

乌蛤　　　樱蛤　　　　　　　獭蛤

蛏子

瓣鳃纲

大多数双壳类软体动物属于瓣鳃纲。它们通过鳃呼吸和进食。

翡翠贻贝

原鳃目

属于原鳃目的软体动物只用鳃进行呼吸。小型的原鳃目软体动物湾锦蛤仅有13毫米宽。

潜居沙中的生活

许多软体动物都将自己埋在沙里，这样能躲避捕食者，抵御海浪、风以及温差的影响。

约 **100 000** 种

现存的软体动物种类数。已灭绝的种类比现存的更加庞大。

齿舌

头足类动物

墨鱼、章鱼、鱿鱼和鹦鹉螺都属于头足类动物，它们的四肢或触角直接与头部相连。这些食肉动物都生活在海里，拥有复杂的神经系统、感官系统以及运动系统，触手生长在嘴部周围，有齿舌以及有力的喙。最小的体长1厘米，最大的则可长达数十米。

鞘形亚纲

头足类鞘形亚纲动物生有一对鳃。它们的壳通常在体内，有的已经完全消失。鹦鹉螺是一个例外。延续至今的头足类动物都属于鞘形亚纲，下面又分为八腕目、十腕目以及箭石目。

鹦鹉螺亚纲

古生代以及中生代时期，鹦鹉螺亚纲动物遍布海洋，有3 000多种，而如今仅存鹦鹉螺属的3种。鹦鹉螺生有外壳、两对鳃以及数十只触手。鹦鹉螺的壳富含钙质，呈螺旋形，分为数个房室。

墨鱼
乌贼属

鹦鹉螺
鹦鹉螺属

坚硬的甲壳动物

尽管地球上大多数地方都有甲壳动物的身影，但水生环境才是最适宜它们生存的地方。甲壳动物正是在水生环境中进化为节肢动物，完成了进化史上的创举。甲壳动物的身体分为三个部分：头胸部（有着触角和强有力的下颚）、腹部以及尾节。海虱是小型甲壳亚门动物的代表：体长不足四分之一毫米；而日本蜘蛛蟹伸展腿部时体长可达3米。

软甲纲

软甲纲包含了各种各样的蟹、龙虾、虾、潮虫和海虱。软甲纲一词源于希腊语，意为"软壳"。海水蟹和淡水蟹都有10条腿，但其中一对腿演变成了螯。软甲动物是杂食动物，能适应各种各样的环境。它们的外骨骼节数取决于种类，在16节～60节范围间变化。

潮虫

潮虫属于等足目，是为数不多的陆生甲壳动物。潮虫感到危险时会蜷曲身体，全身上下只剩外骨骼暴露在外面。尽管潮虫可以在陆地环境中繁殖生长，它们仍旧通过鳃进行呼吸。潮虫的鳃位于腹部的附肢上，该区域需要保持一定的湿度。这就是为什么潮虫喜欢阴暗潮湿的环境，例如岩石下方，落叶或树干下方的原因。

身体舒展

外骨骼
分为数个独立的部分。

身体蜷曲

触须

头部

体节
背甲相对较小，蜷曲时能将整个身体缩作一团。

足
该物种有7对足。

肛门

附肢
附肢末端具有两个分支结构：内肢和外肢。

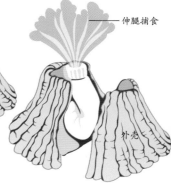

几丁质

又称甲壳素，广泛存在于甲壳类动物的外壳、昆虫的甲壳和真菌的细胞壁中，主要用于支撑并保护身体。

20 千克

最大的太平洋蜘蛛蟹可重达20千克。

失去硬壳保护的藤壶。

与海岸永不分离的藤壶

诞生之初，藤壶的幼虫在海中漂浮，直到碰上礁石或海岸。它们伸出由触须演变而来的茎干附着在礁石上，发育出硬壳保护自己。藤壶一旦附着在礁石便终身不再移动。海上航行的船只，船底常吸附有藤壶。

藤壶群落

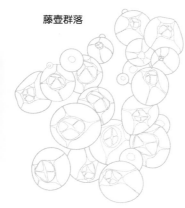

藤壶横切图

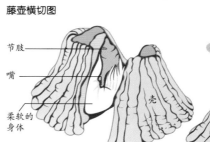

伸腿捕食

节肢

嘴

柔软的身体

壳

外壳

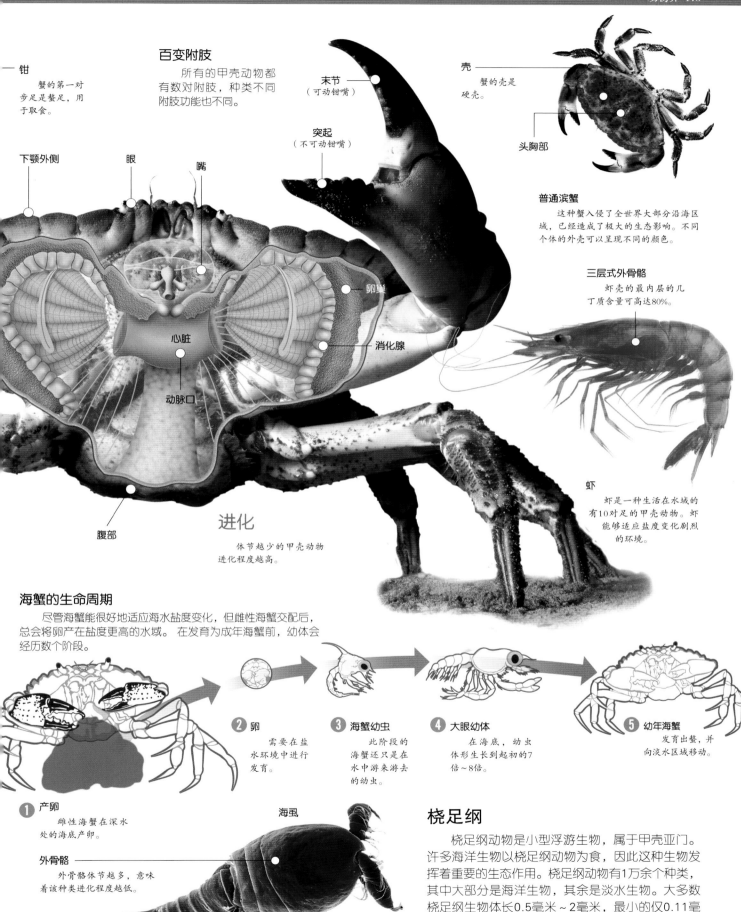

百变附肢

所有的甲壳动物都有数对附肢，种类不同附肢功能也不同。

钳

蟹的第一对步足是螯足，用于取食。

下颚外侧

眼

嘴

末节
（可动钳嘴）

突起
（不可动钳嘴）

壳

蟹的壳是硬壳。

头胸部

普通滨蟹

这种蟹入侵了全世界大部分沿海区域，已经造成了极大的生态影响。不同个体的外壳可以呈现不同的颜色。

卵巢

心脏

消化腺

三层式外骨骼

虾壳的最内层的几丁质含量可高达80%。

动脉口

腹部

进化

体节越少的甲壳动物进化程度越高。

虾

虾是一种生活在水域的有10对足的甲壳动物。虾能够适应盐度变化剧烈的环境。

海蟹的生命周期

尽管海蟹能很好地适应海水盐度变化，但雌性海蟹交配后，总会将卵产在盐度更高的水域。在发育为成年海蟹前，幼体会经历数个阶段。

❷ 卵

需要在盐水环境中进行发育。

❸ 海蟹幼虫

此阶段的海蟹还只是在水中游来游去的幼虫。

❹ 大眼幼体

在海底，幼虫体形生长到起初的7倍～8倍。

❺ 幼年海蟹

发育出螯，并向淡水区域移动。

❶ 产卵

雌性海蟹在深水处的海底产卵。

外骨骼

外骨骼体节越多，意味着该种类进化程度越低。

海虱

桡足纲

桡足纲动物是小型浮游生物，属于甲壳亚门。许多海洋生物以桡足纲动物为食，因此这种生物发挥着重要的生态作用。桡足纲动物有1万余个种类，其中大部分是海洋生物，其余是淡水生物。大多数桡足纲生物体长0.5毫米～2毫米，最小的仅0.11毫米，而最大的体长达32厘米。

蛛形纲动物

蛛形纲动物是螯肢动物亚门最大最重要的一纲。蜘蛛、蝎子、跳蚤、蜱和螨都属于蛛形纲。蛛形纲动物是最早转移到陆地的节肢动物。最早的蝎子化石来自志留纪，从这些化石可以推断出，蝎子的形态和活动方式自古以来并未发生重大变化。人们最熟悉的蛛形纲动物就是蝎子和蜘蛛。

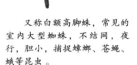

白额巨蟹蛛

又称白额高脚蛛，常见的室内大型蜘蛛，不结网，夜行，胆小，捕捉蟑螂、苍蝇、蛾等昆虫。

雌蝎背上能载30余只幼蝎

蝎子

长久以来，人们都惧怕蝎子。蝎子的螯肢和须肢组成螯。蝎子的身体，包括头胸部和腹部，均覆盖有几丁质外骨骼。

帝王蝎

与其他蝎子一样，帝王蝎的毒针上有交叉排列的毒腺。帝王蝎是大型蝎，体长12厘米~18厘米，部分可长至20厘米。

蝎子的螯钳住猎物，使其无法动弹

须肢

须肢是蜘蛛的感觉器官，摄取食物时会用到。此外，雄性蜘蛛用须肢进行交配。

螯肢

上下挥舞。一些原始的种类（如狼蛛）像挥舞拳头一样左右挥舞。

蜱

唾液腺

胃

触须

附着器官

伤口感染

蜱在叮刺吸血过程中，会注入神经毒素，让宿主肌肉麻痹

螨和蜱

螨和蜱都属于蜱螨亚纲，两者的区别在于体形。螨较小，蜱体长可达几厘米。螨是动植物寄生虫，种类繁多。蜱以宿主的血液为生，其生命周期分为三个阶段：幼虫，若虫和成虫。

蜱　触须

螨　触须

100 000 种

世界上约有10万种蛛形纲动物存在。

外骨骼

蜘蛛的外骨骼（外壳）以蜕皮的方式进行更新。幼年时期，蜘蛛在生长过程中会持续进行蜕皮（一年可多达4次）。成年后一年蜕一次皮。

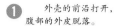

1 外壳的前沿打开，腹部的外皮脱落。

2 蜘蛛不断活动肢体，直至足从外壳滑落。

3 蜘蛛褪下旧的外壳，新的接触空气后逐渐硬化。

螯肢

单眼

头胸部（前体）

腹部（后体）

心脏

肠

卵巢

纺器肛突

毒腺

胃

肺

生殖孔

丝腺

股节

胫节

足

蜘蛛用4对足进行移动，足上的毛发帮助它们识别地形。

触肢

跗节

跗端节

蜘蛛

蜘蛛是最常见的节肢动物。蜘蛛最令人惊讶的本领就是能够分泌一种物质，这种物质与空气接触后就变成极细的线，这样的线有许多用途，最重要的就是搭建网。

30 年

捕鸟蛛的最长寿命。

无鞭目

大小在0.4厘米～4.5厘米的小蜘蛛属于无鞭目。无鞭目动物的螯肢较小，但触肢发达，用于捕捉猎物。它们的第一对足具有触摸和感觉功能，后三对足用于移动。由于无鞭目动物身体扁平，其移动的姿态与螃蟹类似。

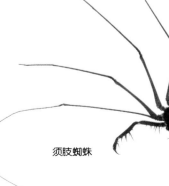

须肢蜘蛛

美丽的花朵
水中的红色睡莲（孟加拉国
达卡市诺尔辛迪县）。

第六章

植物界

通过光合作用，植物为我们提供食物、药材、木材、树脂、氧气以及其他生活必需品。植物是地球生命的基础，没有植物，人类将无法生存。

————————

向着陆地进化

　　植物从浅水转向陆地生长的过程中伴随着一系列的进化。植物的基因组合发生的变化使其能够适应地球表面各种极端环境。尽管在陆地上，植物能够直接获得光照，但同时也面临着蒸腾作用和失水的挑战。只有克服了这些困难，植物才能在陆地上蓬勃生长。

核心变化

　　根是植物转向地面生长中最重要的适应性变化。根系将植物固定在基底上，充当水和矿物质养分进入植物的通道。除了根之外，植物进化出角质层（表面膜）覆盖整个表面也至关重要。表皮层细胞产生的膜使植物能够耐受光照产生的热量，以及克服风导致的磨损以及失水。气孔处没有这种保护膜，因为植物需要通过气孔进行呼吸。

绿色革命

　　叶是陆地植物进行光合作用的主要器官。自从4.4亿多年前植物在陆地上出现，光合作用量持续增加，导致大气层二氧化碳浓度降低，地球平均温度也随之降低。

欧洲鳞毛蕨

这种维管植物需要液态水进行繁殖。

约 **50 000** 种

与陆地植物共同生存的真菌种数。

苔藓
泥炭藓属

苔藓植物是最简单的陆地植物。

附生植物

在植物或其他支撑物表面生长。附生植物进化出的独特结构使其能够脱离土壤生存。

草本植物

草本植物利用夏季充足的光照生长繁殖。草本植物的茎较柔软，无法保持直立。

无茎苦苣菜 这种植物没有茎。

香堇菜 这种植物春季开放的花朵散发着沁人心脾的香味。

木本植物

木本植物的特征是有木质树干。树木由最初的小幼苗，成长为高达100米的参天大树，坚硬的木质部发挥着重要的作用。树木生长在主要的几种陆地生态系统中。

栗属　　　胡桃属　　　水青冈属

槭树属　　　栎属　　　椴树属

110 米

部分红杉能生长到的高度

树的结构

在西方，橡树是无可争辩的树中王者，橡树也是世界上最大的开花植物。羽状的树叶，果实（橡果）上的大盖子都是橡树的标志。橡树的主干垂直生长，枝干向上生长。在理想的条件下，橡树可高达40米。

叶

叶在枝条两侧交替生长，橡树主叶脉两侧均有光滑裂片。

叶通过光合作用吸收二氧化碳，产生碳水化合物。

夏季
叶子进行光合作用，产生碳水化合物供树的其他部分使用。

秋季
叶片边缘的细胞率先衰弱。

冬季
叶片脱落，树进入休眠。

春季
萌发的新叶替代了老叶。

树皮　　　年轮

四季变化

春季
树叶萌发，标志着四季循环的开始。

夏季
橡树开花，树干长高变粗。

秋季
气温降低，枝干变得脆弱。

冬季
枯叶飘落，树木进入休眠。

树干

树干强壮，垂直生长。树的顶部因枝干丰富而变宽。枝干呈现扭曲、打结或弯曲状。

种子

部分种类的橡树，它们的种子口味甘甜，其他的则显苦涩。

萌芽

橡树自萌芽起的第一年里，根部可生长1.5米。

叶片的蒸腾作用（水蒸气散失）将木质部的汁液运输到顶端。

芽

外层的保护性鳞叶会在春季脱落。芽会长成新叶和新枝。

啄木鸟用喙在树干上钻孔，寻找昆虫

花

橡树上垂吊的花均为雄花，雌花则隐藏在叶子间。

橡树的产物

树皮含有丰富的单宁。单宁被用于固化皮革，同时也是一种收敛剂。木材则坚固耐腐。

能量源

叶绿素捕获来自太阳的光能，并利用该能量将水和二氧化碳转化为食物。

木质部将水和矿物质养分从根部运输到其他部分

韧皮部将糖从叶子运输到树的其他部分

橡树果实

橡树果实的顶端和尾部由深色的条纹相连，橡果帽上布有平整的鳞片。

表面

苔藓将橡树皮作为水分来源。

橡果帽
由心皮（雌性生殖器官）变化而来。

瘦果
果实成熟后不开裂的坚硬果实。

600年

橡树的平均寿命。

根

吸收水分和矿物质。

根向四周生长，形成深而广的根系。

光合作用

植物的重要特征之一就是能够利用阳光和空气中的二氧化碳生产自身所需的复杂养分，这一过程被称为光合作用。光合作用在细胞器叶绿体中进行，因为叶绿体含有将太阳能转化为化学能所需的酶。每个植物细胞含有20个～100个不等的椭圆形叶绿体。叶绿体能自我复制，这表明叶绿体曾经是自主性生物。后来，叶绿体与其他生物建立了共生关系——世界上第一个植物细胞诞生了。

叶片为什么是绿色的

叶片从可见光中吸收能量。可见光由许多颜色的光组成，而叶片只反射绿光。

藻类

藻类在水下进行光合作用。大气层中的绝大部分氧气是由藻类与其他水生植物提供的。

叶子

由数种植物组织组成。有的组织起支撑作用；有的起填充作用。

O_2

植物释放氧气进入大气层。

植物细胞

它有三点区别于动物细胞：植物细胞具有细胞壁（纤维素含量占40％）；由水和矿物元素组成的液泡；含有叶绿素的叶绿体。与动物细胞相同的是，植物细胞也有细胞核。

水

光合作用需要持续的水分供应。水经由根和茎到达叶片。

叶绿素

叶片中最丰富的色素。

植物组织

纤维素赋予了植物细胞较为坚硬的特性。纤维素是植物细胞壁形成的多糖，由数千葡萄糖单位组成，很难对其进行水解（在水中分解）。

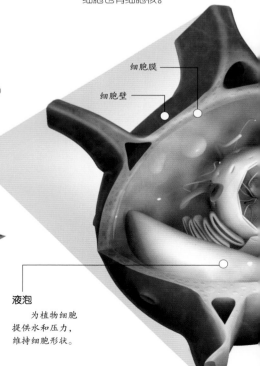

细胞膜

细胞壁

二氧化碳

被植物吸收，通过光合作用合成为糖类。

氧气

光合作用的副产品。氧气通过叶片上的气孔逸出。

液泡

为植物细胞提供水和压力，维持细胞形状。

光合作用的阶段

光合作用分两个阶段进行。第一个阶段称为光反应阶段，光照使水分解为氧气和氢离子，并且光能转变为化学能储存在ATP（三磷酸腺苷，一种高能化合物）中。

① 在光的驱动下，水分子氧化释放电子。

② 电子通过电子传递链系统传递给NADP⁺（辅酶Ⅱ），使其还原为NADPH（还原型辅酶Ⅱ）。

③ 基质中的质子被泵送到类囊体腔中，生成ATP。此外，还产生了氧气。

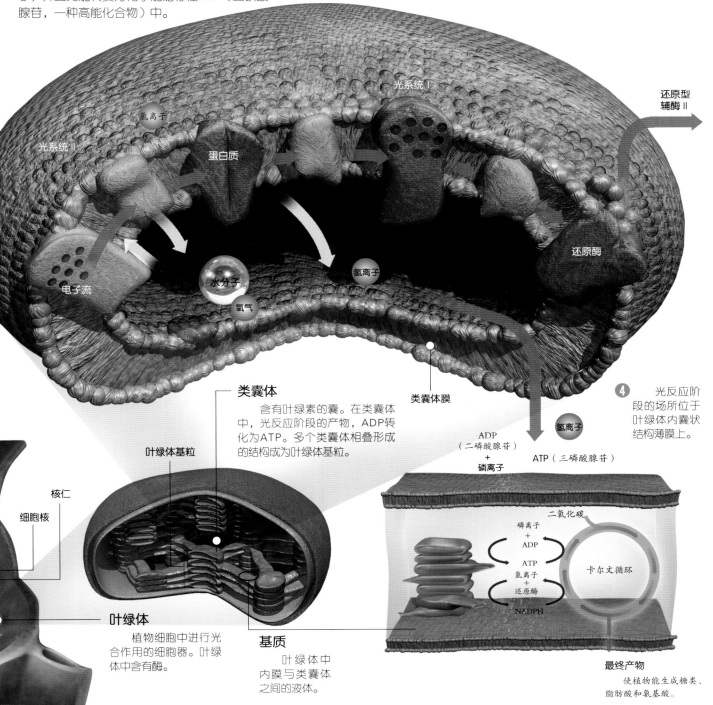

光系统Ⅰ

还原型辅酶Ⅱ

氢离子

光系统Ⅱ

蛋白质

还原酶

电子流

水分子

氧气

氢离子

类囊体膜

④ 光反应阶段的场所位于叶绿体内囊状结构薄膜上。

类囊体
含有叶绿素的囊。在类囊体中，光反应阶段的产物，ADP转化为ATP。多个类囊体相叠形成的结构成为叶绿体基粒。

叶绿体基粒

核仁

细胞核

氢离子

ADP（二磷酸腺苷）+磷离子

ATP（三磷酸腺苷）

叶绿体
植物细胞中进行光合作用的细胞器。叶绿体中含有酶。

基质
叶绿体中内膜与类囊体之间的液体。

二氧化碳

磷离子+ADP

ATP

氢离子+还原酶

NADPH

卡尔文循环

最终产物
使植物能生成糖类、脂肪酸和氨基酸。

C

碳是有机物质的基础单元，没有它，生命不可能存在。

暗反应阶段

因为该阶段不直接依赖光，所以被称为暗反应阶段。该阶段发生在叶绿体基质中。光反应阶段生成的ATP和NADPH在卡尔文循环中，被进行碳同化，将二氧化碳转化为碳水化合物（如糖）等。

水生植物

水生植物能在陆生植物无法存活的环境——池塘、溪流、湖泊、河流甚至海洋中生长。尽管水生植物属于不同的科，但都具有相似的适应性变化，出现了适应趋同的现象。水生植物有很多种，比如沉水植物；浮叶植物；漂浮植物——不一定扎根在水底的植物；一部分叶子在水面上，一部分叶子在水面下的两栖植物；只有根部在水下的喜阳植物等。

对生态系统的重要作用

在生态系统中，水生植物不仅对甲壳类动物、昆虫和蠕虫来说非常重要，对于鱼类、鸟类和哺乳动物来说也很重要。因为水生植物是这些生物的重要食物来源以及栖息之处。水生植物也是地球上光合作用的主要执行者。

浮叶植物

浮叶植物通常生活在静水或缓慢流动的水环境中。浮叶植物的根茎固定生长在水底，而叶柄（在叶片和茎之间起连接作用）伸至水面。有的种类的叶片在水中，有的种类的叶片漂浮在水面上，还有的种类的叶片高出水面上方，不同的种类的叶片形状也不同。漂浮在水面上的叶片，其上表面（接触空气）与下表面（接触水）具有不同的性质。

粉绿狐尾藻

这种植物生长于温带、亚热带和热带地区，能高效地为水体提供氧气。

克鲁兹王莲

克鲁兹王莲生活在深而平静的水域中，叶片直径可达2米。

漂浮的叶片

根茎固定生长在水底，叶片浮在水面上，下方连接着长长的叶柄。

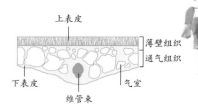

上表皮　薄壁组织　通气组织　下表皮　气室　维管束

荇菜

整个夏季，荇菜都会有小小的黄色花朵盛开，花瓣有皱痕。

沉水植物

沉水植物的整个植株都浸泡在水中。沉水植物的小型根系统仅发挥着固定植物的作用，它们的茎能够直接吸收水分、二氧化碳以及矿物质。沉水植物主要生活在流动的水体中，茎不具有支撑作用——植株靠水提供支撑。

篦齿眼子菜

这种水生植物生活在清澈的溪流或浅坑中。

金鱼藻

金鱼藻每根茎上的细叶茂盛，整体外形似圆锥。

通过光合作用生产和释放氧气。

并非来自远古的水生植物

最原始的植物生活在水中，之后，通过适应环境进化出根等结构，成功地来到陆地生存。但当今的水生植物并不是远古的种类，恰恰相反，它们是由陆生植物进化出各种特殊的器官和组织才重新适应了水生环境。举个例子，水生植物的一些组织具有气囊，因此这些植物可以漂浮在水上。

通气组织

漂浮的植物都具有通气组织。通气组织是由细胞内气室组成的系统，气体能在其中流通。

通气组织　表皮　气室

淹没在水下的茎没有支撑组织，水已经为植物提供了充足的浮力。水下的部分无法直接获取氧气，只能依赖通气组织。

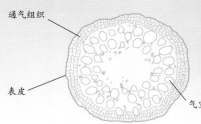

300

常见的水生植物数量。

两栖植物或湿地植物

两栖植物或湿地植物生长在湖边、河边以及沼泽中，在周期性被海浪或河水淹没的盐沼中也有这些植物的身影。两栖植物的结构介于水生植物和陆生植物之间。为了能更充分地获取氧气，两栖植物的通气组织十分发达。

绿松石立金花

这种植物花朵丰茂，非常美丽。

盛开着美丽鲜花的水生植物。

香蒲

香蒲生长于湖边湿润的土壤中，在温带和热带的沼泽中也大量存在。

慈姑

慈姑夏季开花，花朵由3片白色花瓣和紫色的雌蕊组成。

水下的根和根茎发达。

虎杖

这种植物多见于沼泽植被。

狸藻

这种食虫植物可以捕食小型水生生物。

呼吸根

呼吸根是能够进行呼吸作用的漂浮根。呼吸根通过表面获取氧气，再通过细胞空腔将氧气传送到植物其他部位。呼吸根也能排出二氧化碳。一部分植物进化出了气囊，能够在植物完全被淹没时储存氧气，或是加速蒸腾作用。

漂浮植物

一些水生植物没有根，可以在水中自由移动，这些植物拥有发达的茎，叶子结构适宜漂浮在水上。漂浮植物的根较为发达，具有根冠，没有根毛。漂浮植物的根起着保持平衡的作用。

水下的部分没有防水的表层，所以可以从水中直接吸收矿物质和气体。

鳗草

这种能产生氧气的植物生活在水下。在水族馆和鱼缸里都有它们的身影。

种子的旅程

以种子的形式进行繁殖是植物征服陆地环境最突出的特征。种子为胚提供了保护屏障。胚周围的组织为其发育提供了足够的养分。种子萌芽需要适宜的温度、水分和充足的空气。萌发后的种子茁壮成长，最终将孕育出新一批种子。

1 种子的萌发

田间作物的种子，如玉米、小麦等，在吸收水分，获取充足的阳光和空气后便会解除休眠状态。子叶或种叶为胚提供营养，胚最终突破种皮。

2 向性运动

由于重力的存在，淀粉粒集中在细胞的底部，刺激根向地生长，这种现象称为向地性。

茎的生长得益于细胞增殖

胚芽
种子发芽时的嫩芽由胚芽发育而来

子叶
子叶是胚的第一片或第一对叶子，它提供了种子生长所需的能量

根须
种子发芽期间，胚根上会长出根须，帮助种子吸收土壤中的水分

外种皮
外种皮的形态丰富多样

胚根
植物的主根由胚根发育而来

酶 —— 养分
胚乳
赤霉素 —— 胚
种皮

种子休眠期间，外种皮保护着胚以及子叶

水分
水分是种皮破裂的关键，吸水后的组织从内部向种皮施加压力，导致种皮破裂

养分
胚根负责吸收土壤中的水分和养分

赤霉素
赤霉素是一种植物激素，能促使植物产生酶。这种酶帮助水解淀粉、脂质以及蛋白质，使这些物质分别转化为糖、脂肪酸和氨基酸——这些转化产物为胚，以及由胚发育而来的幼苗提供养分。

秋季
种子在秋季发芽。

3 自主生产

幼苗顶出土面，植株开始获取阳光，进行光合作用，从而生产自身所需养分，不再使用子叶为其提供的养分。

4 持续生长

第一片真叶在子叶上方展开。植物顶端的分生组织分裂，使茎伸长，最终形成成熟植株，并发育出生殖结构。

开花

在外部环境的刺激下顶芽开花。

全能性

顶端的细胞具有全能性（具有分化成所有类型细胞和形成胚胎的能力）。

无柄叶

上层的叶片没有叶柄。

顶端生长

光照刺激茎顶端的细胞进行增殖。

5 花是如何形成的

顶芽发育出花的生殖结构（雌蕊和雄蕊）以及不参与生殖的结构（花瓣和萼片），形成花蕾。

茎的垂直发育支撑着子叶

第一片真叶

子叶可以在土壤下，也可以如图所示在地面上

茎将水和矿物质从根部传导到叶片，又将叶片生产的物质传递到根部

胚轴

胚轴是幼年植株最先长出并发育的茎。

1 厘米

一天之内幼苗最多能长高1厘米。

互生叶

侧根

遍布于根上的根毛扩大了根吸收水分的表面积

主根

主根伸向地底，并发育出侧根支撑植物。

种子发芽后 20 天的发育情况

0.1厘米　　8厘米　　12厘米　　15厘米　　20厘米

50 厘米

成年植株的高度

植物的根

　　根是植物的主要
器官，通常位于土壤中。根
呈正向地性，主要作用是吸收水分以
及矿物养分，并使植物固定在地面上。不同植物
的根的结构不同，因此，根在识别植物的过程中
起重要作用。根没有叶子和节点，普遍比茎结构
简单。

根的类型

　　从不同器官发育出的根是不同的。
主根由胚根发育而来；不定根可以是从
胚根以外的任一器官发育而来。根也可
以根据形态划分为不同类型。

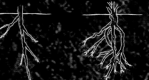

直根系
　　直根系根竖直
向下生长，侧根较
不发达，与主根区
分明显。

分枝状
　　主根发生
分叉，衍生出
侧根。

纤维状
　　整个根系由
许多直径相近的
根组成。

块茎状
　　结构类似纤
维状，但部分根
较粗，用以储存
养分。

芜菁状
　　主根储存养
分变粗，而末精
骤然变细。

平板状
　　平板状的根从
树干底部伸出，并
形成支撑板。

向地性

　　向地性，又称向重力
性，是指植物在重力作用下
朝某个固定方向生长。重力
使根向下生长（向地性）；
植物的茎和叶向上生长（负
向地性，又称背地性）。

单子叶植物

　　单子叶植物的胚仅有一片子
叶，胚根寿命相对较短，胚根死
去后，根由茎发育出的不定根所
取代。

细胞分裂

　　通过细胞分裂，一个
细胞分裂为两个各自包含细
胞核的新细胞。新细胞的产
生，使根得以伸长变粗。

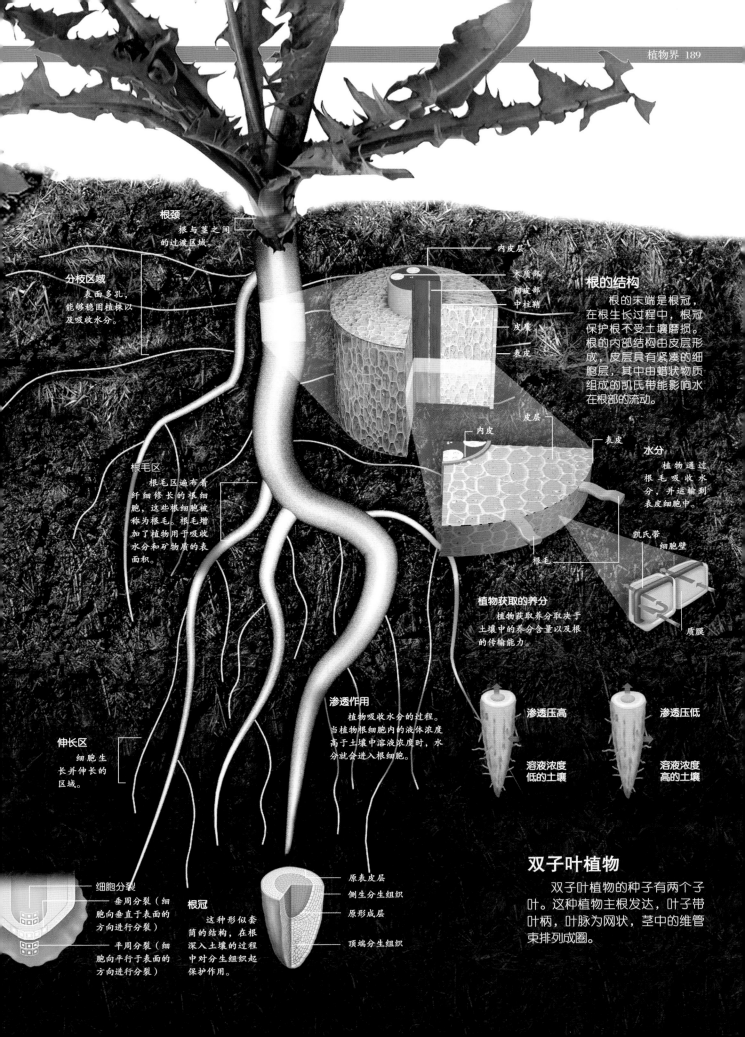

根颈
根与茎之间的过渡区域。

分枝区域
表面多孔，能够稳固植株以及吸收水分。

根毛区
根毛区遍布着纤细修长的根细胞，这些根细胞被称为根毛。根毛增加了植物用于吸收水分和矿物质的表面积。

伸长区
细胞生长并伸长的区域。

细胞分裂
—垂周分裂（细胞向垂直于表面的方向进行分裂）
—平周分裂（细胞向平行于表面的方向进行分裂）

根冠
这种形似套筒的结构，在根深入土壤的过程中对分生组织起保护作用。

内皮层
木质部
韧皮部
中柱鞘
皮层
表皮

内皮
皮层
表皮
根毛
凯氏带
细胞壁
质膜

根的结构
根的末端是根冠，在根生长过程中，根冠保护根不受土壤磨损。根的内部结构由皮层形成，皮层具有紧凑的细胞层，其中由蜡状物质组成的凯氏带能影响水在根部的流动。

水分
植物通过根毛吸收水分，并运输到表皮细胞中。

植物获取的养分
植物获取养分取决于土壤中的养分含量以及根的传输能力。

渗透作用
植物吸收水分的过程。当植物根细胞内的液体浓度高于土壤中溶液浓度时，水分就会进入根细胞。

渗透压高
渗透压低
溶液浓度低的土壤
溶液浓度高的土壤

原表皮层
侧生分生组织
原形成层
顶端分生组织

双子叶植物
双子叶植物的种子有两个子叶。这种植物主根发达，叶子带叶柄，叶脉为网状，茎中的维管束排列成圈。

重要的茎

各种植物的茎呈现出不同的形状和颜色，支撑着植物的叶子和花，并且决定了植株的高度。茎能够让花和叶不被风吹散。茎的作用是将植物根吸收的水分和矿物质传输到其他部分，树木和灌木的茎为木质茎，能提供更好的支撑作用。

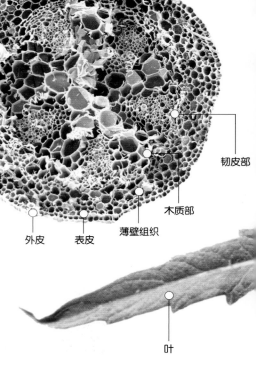

茎的横截面

韧皮部

木质部

薄壁组织

外皮　表皮

叶

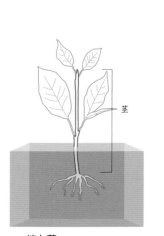

地上茎

如树和灌木的茎，地上茎多生有分枝。

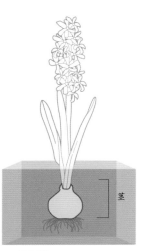

地下茎

地下茎具有特殊的形态。

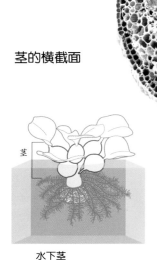

水下茎

能在水下存活的水生植物的茎。

不同环境中茎的生长情况

不同的茎，大小和形状差异很大，这反映了植物对不同环境的适应性。棕榈树和小麦很好地展示了植物进化中不同环境对茎的影响。棕榈树是最高的非木本植物。

芽

从芽眼中长出的芽。

马铃薯

腋芽眼

螺旋状分布的芽眼。

块茎

块茎属于地下茎，主要由饱含淀粉的薄膜细胞组成。土豆上的小凹陷是芽眼。另一种具有地下茎结构的植物——洋葱，淀粉不仅在其块茎中积累，块茎附近的厚叶中也含有淀粉。

刺苞菜蓟

体内运输

　　植物的茎连接吸收水分和矿物质的根与产生养分的叶。茎是植物内部物质交换的传输系统。茎和枝条支撑叶片吸收阳光，也支撑着花朵和果实。部分植物的茎含有带叶绿素的细胞，能进行光合作用；还有些植物的茎有专门用于储存淀粉和其他养分的细胞。

运输方式

　　植物体内的糖分和其他有机分子，以汁液的形式通过韧皮部进行运输。

水和盐类
　　植物的根吸收水和盐类，由茎向其他部分输送。

葡萄糖
　　糖降低了筛管的渗透压。

髓

木质部

形成层

韧皮部

叶腋
　　主茎与叶的基柄连接处。

节
　　茎上长出新叶的位置。

节间部
　　植物相邻的节之间的茎。

伴胞

筛板

筛管

茎的截面图

木质部导管

边材

心材

筛管

初生韧皮部

次生韧皮部

内皮

能量制造者——叶

叶的主要功能是进行光合作用。叶片的形状是为了更好地捕获光能并将其转化为化学能。叶片的厚度极薄，这使其拥有尽可能大的暴露在阳光下的表面积。此外，叶片根据天气条件进化出了非常多的形态。

叶缘

根据各式各样的叶缘，例如光滑的、锯齿状的、波浪状的，能区分不同的植物。

叶脉

开花植物（被子植物）通常可以依据叶脉来进行区分。单子叶植物多为平行脉；双子叶植物多为叉状脉。

主脉

光合作用的产物由叶脉输送至其他部分。

叶轴

叶柄

槭属

该属下的树木和灌木都生有对生裂叶，辨识度很高。

叶面

叶面是彩色的，多为绿色，靠上的一面色调较深，叶脉肉眼可见。

单叶

大多数单子叶植物的叶子没有缺裂。部分有缺裂的单子叶植物，它们叶子的缺裂不会延伸至主脉。

复叶

从主脉处分裂的叶子会形成彼此独立的小叶。小叶像手指一样排列的被称为掌状复叶；小叶沿叶柄像动物羽毛的羽支一样排列的被称

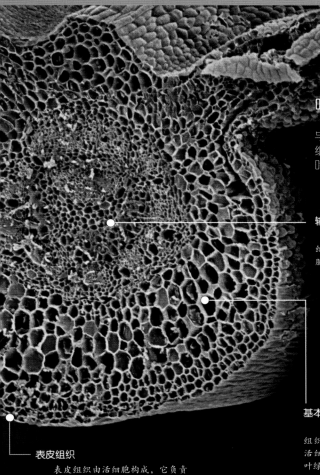

叶的内部

一般来说，植物的叶片与植物其他部分是由相同的组织构成的。叶片由表皮、叶肉、叶脉等组成。

输导组织

植物的输导组织由活细胞（韧皮部）以及死细胞（木质部）组成。

基本组织

叶片的形状是由基本组织塑造的。基本组织由活细胞构成，通常都含有叶绿体。

表皮组织

表皮组织由活细胞构成，它负责包覆着叶子以及植物的所有表面。表皮组织能产生一种物质形成角质层。

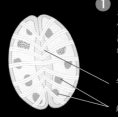

① 气孔器是关闭的。空气无法进入叶片，叶片中的气体也无法排出。这样能避免蒸腾过度——蒸腾过度会对植物造成不良影响。

气孔附近的细胞壁更厚

纤维素 微纤维

② 气孔器张开。随着周围的细胞不断膨胀，结构变形，出现气孔，使气体能够自由进出。

植物与环境

二氧化碳与水蒸气在植物和环境间的循环流动是光合作用必不可缺的环节。这些气体和水的交换会受到外界以及植物自身因素的影响。光照、温度及湿度都会影响叶片上气孔开合，从而影响光合作用。

变化及优势

针叶树的叶子为了适应环境而产生的变化很有趣。这种裸子植物在进化中大大减少了叶片的面积，因此与其他叶片面积较大的植物相比，针叶树拥有着更强的抗风性和抗旱能力。除此之外，针叶树也不担心冬季在叶片上的积雪会压垮树枝。

维管束

维管束由韧皮部和木质部组成。

树脂

树脂的功能是防冻，它在植物体内通过树脂管进行循环。

表皮

表皮细胞都生有厚厚的细胞壁，表皮上还有厚厚的角质层。

卷须

攀缘植物，例如葡萄，它的部分叶子产生适应性变化，变成卷须。

针叶树

针叶树生有像针一样的叶子，横截面通常是椭圆形或三角形的。这种叶子的皮下层被表皮严严地包裹着，只留有气孔进行呼吸。

美而实用的花

　　花并不只是美丽的观赏物，花是被子植物的生殖器官。大多数的花是雌雄同体的，意味着雄性生殖器官（雄蕊）和雌性生殖器官（雌蕊）都在同一朵花中。花通过外部媒介进行授粉（受精），这些媒介包括昆虫、鸟类、风和水等。受精完成后，子房里产生种子。

分类

　　有花的植物被分为双子叶植物和单子叶植物。双子叶植物的种子有两个子叶，单子叶植物的种子只有一个子叶。两种植物分别代表了不同的进化路线。两者的不同是由于其器官结构不同而产生的。

雌蕊

雌性生殖器官，由心皮卷合而成，包括子房、胚珠、花柱和柱头。

柱头

有单头和分叉两种类型。柱头能分泌黏稠的物质粘住花粉。有的柱头表面有绒毛。

双子叶植物

　　这一类植物的花基数（花各部分的固定数目）多为4或5。双子叶植物萼片小，呈绿色；花瓣大，色彩艳丽；叶片宽阔；维管束为圆柱形。

花图式

单子叶植物

　　单子叶植物的花基数为3，萼片和花瓣非常相似，不易区分。单子叶植物大多数是草本植物，维管束是散生的。单子叶植物是最发达的被子植物。

花图式

子房

　　子房位于雌蕊基部的花托上，心皮的包围中。花粉管延伸至子房内并穿入胚珠。

心皮

　　心皮和雌蕊都由变态的叶构成。心皮包括柱头、花柱和子房。胚珠在子房内产生。

叶

　　双子叶植物的叶片具有各种形状，并包含由主叶脉连接形成的网状叶脉。

根

　　双子叶植物的主根作为茎的延伸部分，垂直伸入地面，侧根从主根横向伸出。双子叶植物的根可以扎入很深的地下，并存活很久。

叶

　　单子叶植物的叶片大而窄，无叶柄，具有平行叶脉。

雄蕊（群）

雄性生殖器官。雄蕊群由多根雄蕊组成，其中每根都由花丝支撑花药构成。雄蕊的基部可能含有能产生花蜜的腺体。

花药

产生花粉粒（雄性配子，又称精子）的囊状结构。

花丝

花丝的功能是支撑花药。

花轮

大多数花有4个花轮。一般来说，最外层的花轮是花萼，往内分别是花冠、雄蕊（可以分为两部分）以及雌蕊。拥有4个花轮的花是完整的花。缺乏4个花轮中的任意一个就是不完整的花。

约 **250 000** 种

目前已知的被子植物种类数。

花冠

花冠是一组花瓣。如果各花瓣是分离的，则称为花瓣。如果各花瓣是一体的，这种植物则称为合瓣花类。

花瓣

花瓣通常色彩艳丽，用以吸引授粉昆虫或其他动物。

花萼

花萼由萼片组成，对花起保护作用。花萼与花冠组成花被。萼片可以是互相分离的单片，也可以是彼此合生的。萼片呈合生状态的植物被称为合萼植物。

萼片

在花的早期发育中起保护作用。在昆虫没有完成授粉前，萼片能阻止它们获取花蜜。萼片通常是绿色的。

花柱

花柱分为实心和空心两种。花柱的数量取决于心皮的数量。花粉管从花柱中生长出来。玉米的花粉管能长到40厘米。

子房

子房在雌蕊基部的花托中，被心皮包围。花粉管一直延伸入子房中。

被片

单子叶植物的花瓣和萼片通常合二为一，被称为被片。聚在一起的被片称为花被。

根

单子叶植物的根从同一处生长而出，形成茂密的根丛。单子叶植物的根大部分伸入地下较浅，存活时间较短。

兰花的传粉秘诀

兰花，学名为蜂兰花，得名于其花朵质地与蜜蜂身体相似。兰花花朵大，色彩亮丽，能分泌一种许多昆虫都喜爱的含糖花蜜。兰花是动物触媒的代表性植物，其繁殖必须吸引鸟类或昆虫将其花粉传播到距离较远的另一株花上，并使那些花受精。

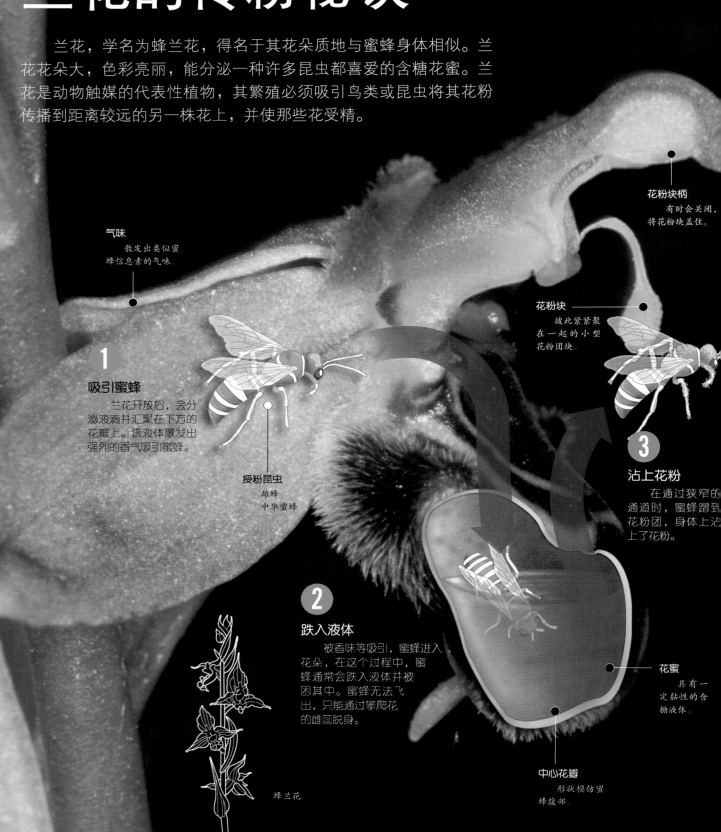

花粉块柄

有时会关闭，将花粉块盖住。

气味

散发出类似蜜蜂信息素的气味。

花粉块

彼此紧紧聚在一起的小型花粉团块。

1

吸引蜜蜂

兰花开放后，会分泌液滴并汇聚在下方的花瓣上。该液体散发出强烈的香气吸引蜜蜂。

授粉昆虫

雄蜂中华蜜蜂

3

沾上花粉

在通过狭窄的通道时，蜜蜂蹭到花粉团，身体上沾上了花粉。

2

跌入液体

被香味等吸引，蜜蜂进入花朵，在这个过程中，蜜蜂通常会跌入液体并被困其中。蜜蜂无法飞出，只能通过攀爬花的雌蕊脱身。

花蜜

具有一定黏性的含糖液体。

中心花瓣

形状模仿蜜蜂腹部。

蜂兰花

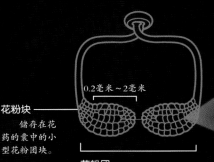

花粉块 —— 储存在花药的囊中的小型花粉团块。

0.2毫米~2毫米

花粉团 —— 2个、4个、6个或8个花粉块所组成的团块。

花粉粒

花粉
每粒花粉含有一个雄配子。

约 **12 000** —— 一朵受精的兰花所产生的种子数。

花粉筐 —— 蜜蜂传粉的器官。

色彩 —— 艳丽的颜色能够吸引昆虫前来。

4

传播 —— 蜜蜂离开一朵花后，背部携带着其花粉前往另一朵花。

5

花粉到达目的地 —— 当蜜蜂到达下一朵同类的花之后，进入花朵，撞击柱头（雌性生殖器官），从蜜蜂身上脱落的前一朵的花粉就来到柱头上。授粉就此完成。

小叶 —— 小叶上长有细密顺滑的毛，能够吸引蜜蜂。

伪装 —— 一些依靠昆虫传粉的植物拥有与其授粉昆虫相似的外表。每种兰花的外形都对应了不同的授粉昆虫。

结出果实

花受精后，子房成熟并发育，首先保护种子在其中形成，然后传播种子。花柱和花药枯萎，子房发育为果实。子房壁形成果皮。果实和种子是人类营养的关键来源，具有很高的经济价值。部分种子的胚乳富含淀粉、蛋白质、脂肪。

单果

由单生花发育而成的果实。单果可能拥有一个或多个种子，可能是干果，也可能是肉质果。核果、浆果和梨果都是单果。

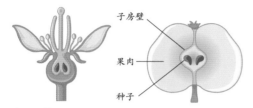

子房壁
果肉
种子

Ⓐ **梨果**

梨果类是上位花或下位子房发育而成的肉质果，花托发育变厚，形成可食用的中果皮。苹果也是一种梨果。

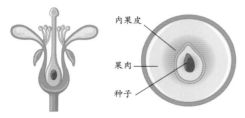

内果皮
果肉
种子

Ⓑ **核果**

核果类可以是肉质果或柑果，果实内部有核，外部被木质内果皮包围。核果通常由下位花发育而来。代表水果为桃子。

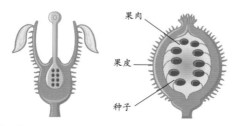

果肉
果皮
种子

Ⓒ **浆果**

大多数成熟的浆果色彩鲜艳，中果皮质嫩多汁。浆果由子房上位花或下位花发育而成。葡萄就是一种浆果。

橘子

与其他柑橘类水果一样，橘子与浆果相似。它们的种子可以在果实腐败后暴露在空气中，或是果实被动物吃掉后，种子被动物排泄出体外，达到传播的目的。

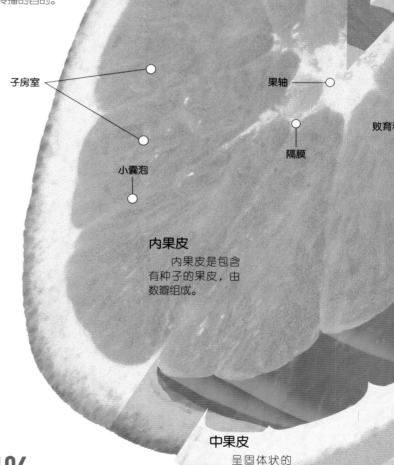

种子

子房室

果轴

败育种子

隔膜

小囊泡

内果皮

内果皮是包含有种子的果皮，由数瓣组成。

中果皮

呈固体状的肉质结构。

14%

未成熟的柑橘类果实所含黄酮苷（橘皮苷）的比例。

瓣
　　瓣由包含果汁（水与糖）的囊组成，是子房壁的产物。

果皮
　　果皮由果实的中果皮和外果皮组成。果皮是柔软的，能分泌油和酸。值得注意的是，坚果那坚硬的"果皮"实际上是内果皮。

复果

　　由一个花序上生长的许多花联合发育而成的果实。成熟的复果果肉丰富，菠萝、无花果就属于复果。

黑莓
　　黑莓的每一颗都是独立的果实。

无花果

Ⓐ **聚合果**
　　果实由数个聚集在一起的小核果组成。

Ⓑ **隐头花序**
　　花序轴膨大，形成杯状或瓶状的凹陷花托。

干果

　　干果是单果，在成熟过程中果皮会变干。干果包括蓇葖（木兰）、豆科植物（花生、蚕豆、豌豆）、荚果（萝卜）、大部分谷类植物以及枫树和桦木的果实。大部分裂果（成熟后果实崩裂将种子暴露在外）都是干果。

中果皮

外果皮

内果皮

外果皮
　　果实的外层果皮。

苔藓

苔藓生长在湿地，是一种没有维管组织（根、茎和真叶）的植物。

第七章

孢子植物与
真菌

　　藻类、菌类、地衣、苔藓和蕨类是一些特殊的植物，它们作为世界上最简单的植物有一个共同的特点，那就是都通过孢子进行繁殖。

多彩的藻类

　　藻类通过光合作用制造自己的食物。它们的颜色与光合作用有关，科学家也将藻类的颜色作为它们分类的依据。藻类也可以根据其拥有的细胞数量进行分类。单细胞藻类种类丰富。有的藻类会组成群体，有的藻类则为多细胞个体。褐海藻的某些种类能长到45米长。

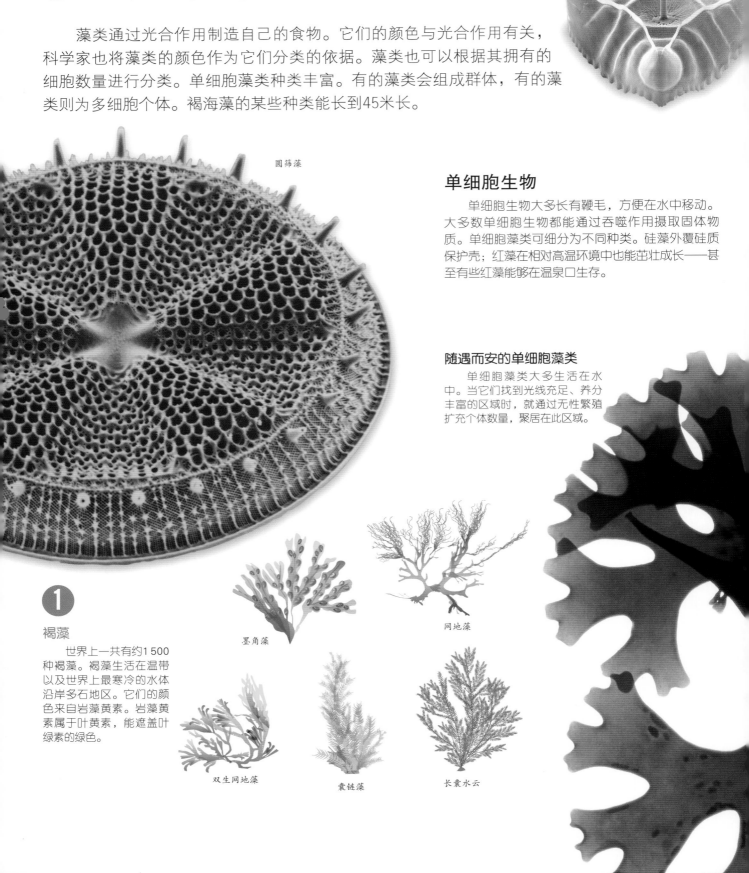

圆筛藻

单细胞生物

　　单细胞生物大多长有鞭毛，方便在水中移动。大多数单细胞生物都能通过吞噬作用摄取固体物质。单细胞藻类可细分为不同种类。硅藻外覆硅质保护壳；红藻在相对高温环境中也能茁壮成长——甚至有些红藻能够在温泉口生存。

随遇而安的单细胞藻类

　　单细胞藻类大多生活在水中。当它们找到光线充足、养分丰富的区域时，就通过无性繁殖扩充个体数量，聚居在此区域。

墨角藻

网地藻

1

褐藻

　　世界上一共有约1 500种褐藻。褐藻生活在温带以及世界上最寒冷的水体沿岸多石地区。它们的颜色来自岩藻黄素。岩藻黄素属于叶黄素，能遮盖叶绿素的绿色。

双生网地藻

囊链藻

长囊水云

多细胞藻类

多细胞藻类具有多细胞结构，由可移动的单细胞藻类固定地聚集在共享的黏性囊中形成。部分多细胞藻类像树叶或茎一样具有分叉结构，这样的藻类的结构称为叶状体。比如海带，看似有茎、叶，但其实它们是褐藻叶状体。

圆微星鼓藻

四尾栅藻

角星鼓藻

伞藻

北方羽纹藻

2 绿藻

绝大部分绿藻是具有鞭毛的单细胞微生物。其他的形成丝状体，也有一些种类会形成大型多细胞体。石莼纲分类下的海白菜，外形像一片生菜叶，是一种可食用的绿藻。轮藻纲分类下的轮藻含有碳酸钙。因为绿藻和种子植物含有相同形式的叶绿素，细胞壁都含有纤维素，所以被认为是植物进化中的关键物种。

衣藻

约 **6 000** 种

目前已归类为绿藻的生物种数。

3 红藻

含有藻红蛋白色素是红藻的一大特点。藻红蛋白掩盖了红藻中叶绿素的绿色，使红藻呈红色。大部分红藻生活在热带及亚热带海岸附近，多栖息于温暖、相对平静、不受阳光直射的水中。

红皮藻

下舌藻

暗紫红毛菜

点亮叶藻

海膜

离舌藻

藻类的繁殖

一些藻类在特定环境下可以选择进行有性繁殖或无性繁殖。无性繁殖通过分裂或孢子实现。有性繁殖通过配子（性细胞）受精产生受精卵，受精卵发育成为新个体。无性繁殖不进行基因交换，新生个体是原藻类的克隆。与之相反，有性繁殖产生的新生个体则具有新特性，这能帮助藻类更好地适应环境。

无性繁殖

无性繁殖不涉及受精。无性繁殖可由两种方式进行。分裂方式中，藻类的一部分从身体脱离，因为藻类没有器官，所以只要环境条件合适，所分裂出的这部分就能继续生长，成为新个体。另一种无性繁殖的方式是通过孢子实现的。孢子是由普通细胞形成的特殊细胞。有的藻类孢子长有藻丝，即鞭毛，能够自由移动。当孢子到达适宜的环境后开始发育，变成新的个体。

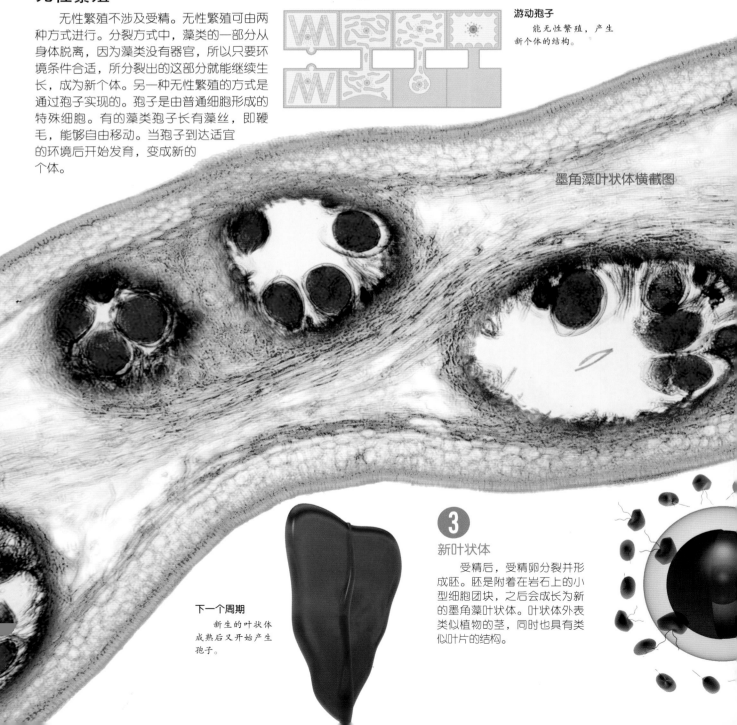

游动孢子

能无性繁殖，产生新个体的结构。

墨角藻叶状体横截图

下一个周期

新生的叶状体成熟后又开始产生孢子。

3

新叶状体

受精后，受精卵分裂并形成胚。胚是附着在岩石上的小型细胞团块，之后会成长为新的墨角藻叶状体。叶状体外表类似植物的茎，同时也具有类似叶片的结构。

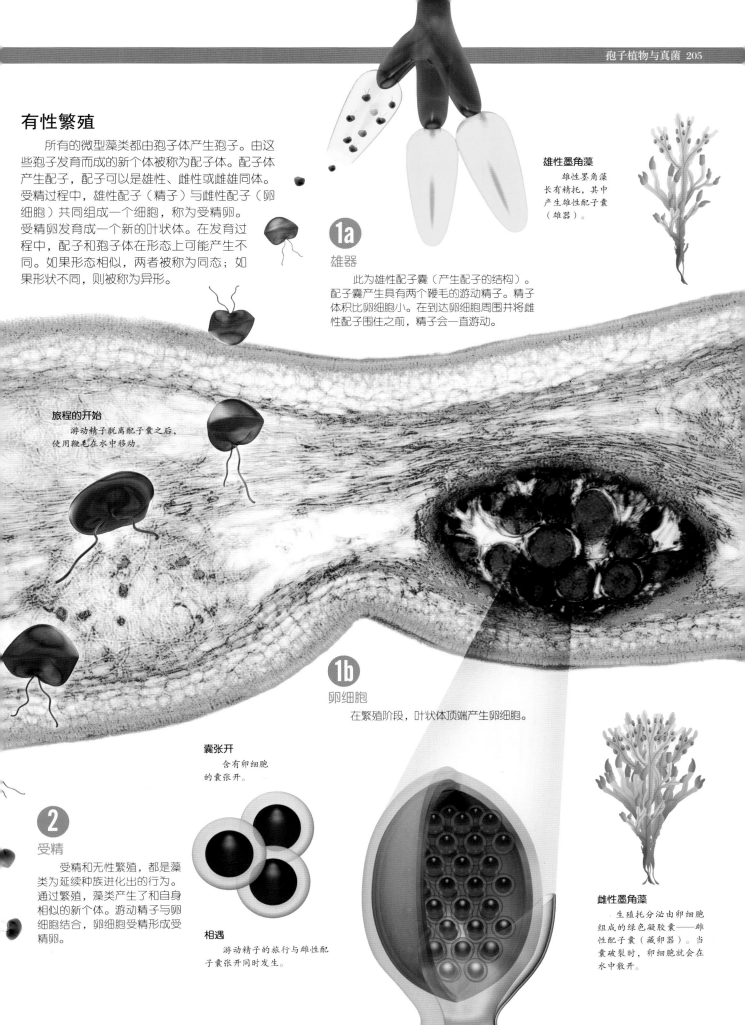

有性繁殖

所有的微型藻类都由孢子体产生孢子。由这些孢子发育而成的新个体被称为配子体。配子体产生配子，配子可以是雄性、雌性或雌雄同体。受精过程中，雄性配子（精子）与雌性配子（卵细胞）共同组成一个细胞，称为受精卵。受精卵发育成一个新的叶状体。在发育过程中，配子和孢子体在形态上可能产生不同。如果形态相似，两者被称为同态；如果形状不同，则被称为异形。

雄性墨角藻

雄性墨角藻长有精托，其中产生雄性配子囊（雄器）。

1a

雄器

此为雄性配子囊（产生配子的结构）。配子囊产生具有两个鞭毛的游动精子。精子体积比卵细胞小。在到达卵细胞周围并将雌性配子围住之前，精子会一直游动。

旅程的开始

游动精子脱离配子囊之后，使用鞭毛在水中移动。

1b

卵细胞

在繁殖阶段，叶状体顶端产生卵细胞。

囊张开

含有卵细胞的囊张开。

2

受精

受精和无性繁殖，都是藻类为延续和族进化出的行为。通过繁殖，藻类产生了和自身相似的新个体。游动精子与卵细胞结合，卵细胞受精形成受精卵。

相遇

游动精子的旅行与雌性配子囊张开同时发生。

雌性墨角藻

生殖托分泌由卵细胞组成的绿色凝胶囊——雌性配子囊（藏卵器）。当囊破裂时，卵细胞就会在水中散开。

淡水藻类与海水藻类

凡是有水的地方，藻类就可以存活。海水和淡水中都有藻类生活，但并不是所有藻类都能适应这两种环境。水的深度、温度和含盐度都能决定藻类是否能在其中生存。藻类的颜色有绿色、褐色以及红色。其中红藻生活的水位最深。某些藻类能在水外生存，但是仍必须生活在潮湿的环境中，比如泥地、石墙或岩石上。

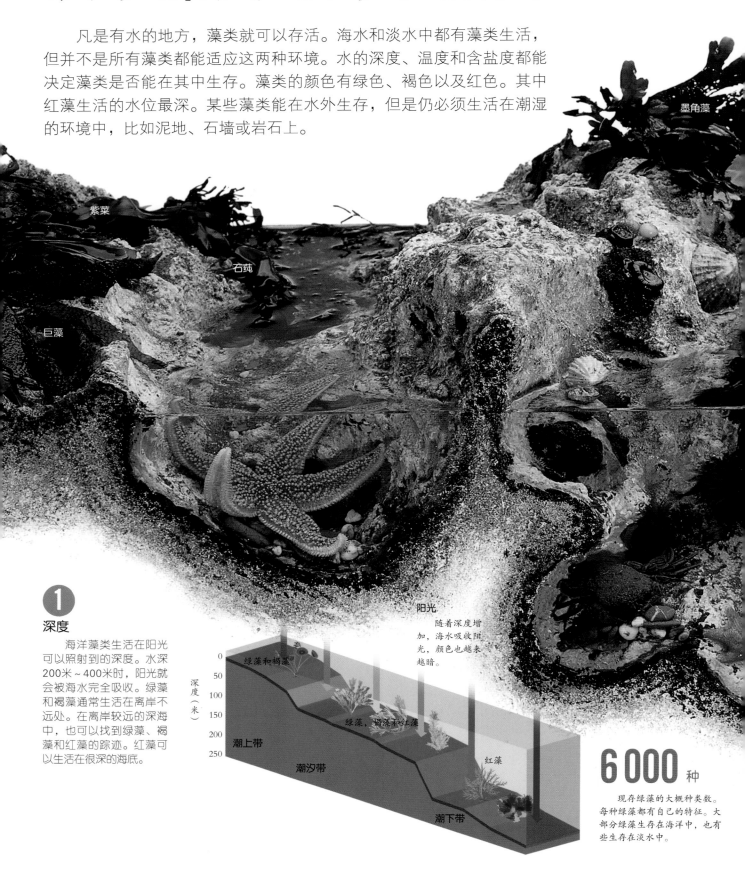

墨角藻

紫菜

石莼

巨藻

1
深度

海洋藻类生活在阳光可以照射到的深度。水深200米～400米时，阳光就会被海水完全吸收。绿藻和褐藻通常生活在离岸不远处。在离岸较远的深海中，也可以找到绿藻、褐藻和红藻的踪迹。红藻可以生活在很深的海底。

阳光

随着深度增加，海水吸收阳光，颜色也越来越暗。

绿藻和褐藻

绿藻，褐藻和红藻

红藻

深度（米）

0
50
100
150
200
250

潮上带

潮汐带

潮下带

6000 种

现存绿藻的大概种类数。每种绿藻都有自己的特征。大部分绿藻生存在海洋中，也有些生存在淡水中。

2 含盐度

　　地球表面的水常被分为两类：来自海洋的海水和陆地上的淡水。通常认为地球上所有海水的含盐度是类似的。与此不同，陆地淡水的含盐度则有所差别，因此对生活在其中的生物也造成了不同的影响。

海水

盐离子	%
碳酸氢根	0.4
钙离子	1.2
镁离子	3.7
钠离子	30.6
钾离子	1.1
氯离子	55.1
硫酸根	7.7

淡水

盐离子	%
钙离子	17
镁离子	3.4
钠离子	3.0
钾离子	1.8
氯离子	3.3
硫酸根	8.2
碳酸氢根	63.5

紫菜

石莼

水松

地球

太阳辐射量少

太阳

太阳辐射量大

太阳辐射量少

3 水温

　　随纬度和洋流变化的海水温度决定了藻类是否能在其中生存。通过太阳辐射向海洋提供的热能，随太阳角度变化而变化，但是洋流和潮汐能重新分配热能。海水温度同时也与深度有关——深度越深，水温越低。

奇妙的地衣

地衣是真菌和藻类（通常为绿藻）共生在一起形成的。尽管它们主要生活在寒冷的地带，地衣依然能够轻松适应多种气候环境。它们既能在北极冰川上生存，也能在沙漠和火山地带生存。地衣附着在岩石上，从中获取生存所需的矿物质，并协助土壤形成。地衣是体现环境污染程度的最佳指标——地衣不能在污染严重的环境中生存。

枝状地衣

分叉的枝状体向周围生长，与小树和灌木丛类似。

树苔藓

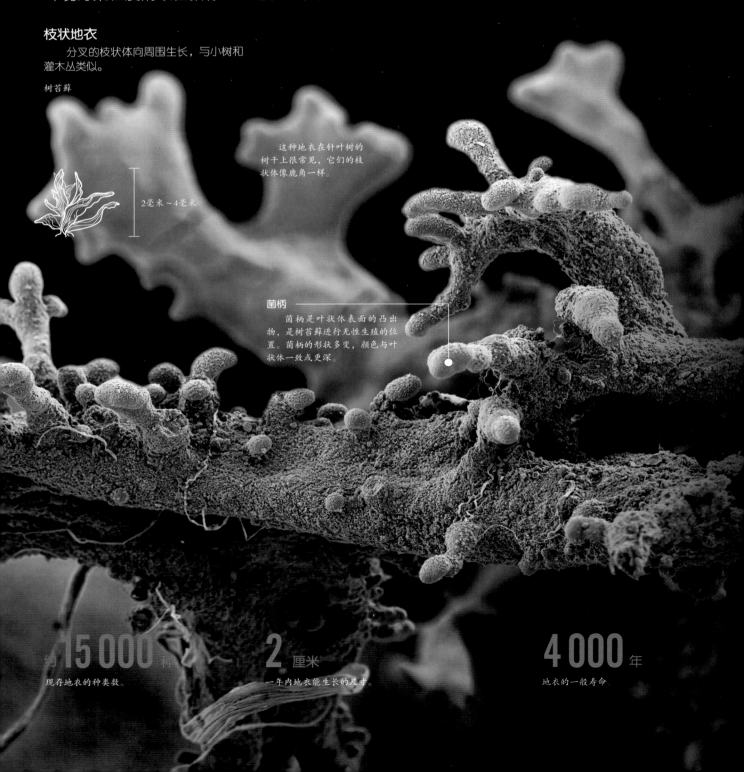

2毫米～4毫米

这种地衣在针叶树的树干上很常见，它们的枝状体像鹿角一样。

菌柄 ——
菌柄是叶状体表面的凸出物，是树苔藓进行无性生殖的位置。菌柄的形状多变，颜色与叶状体一致或更深。

约15 000 种
现存地衣的种类数。

2 厘米
一年内地衣能生长的尺寸。

4 000 年
地衣的一般寿命

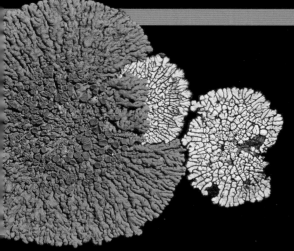

壳状地衣

鳞片状的地衣体与底层基质紧密贴合，呈盘状或辐射状独立生长，也有的连续成片生长。

青灰蜈蚣地衣

1毫米~2毫米

地衣的生长环境

地衣大多在寒冷的地区生长，对环境污染非常敏感。

生活在树干或枝丫上的地衣。

生活在林中地面的地衣。

生活在岩石或墙面上的地衣。

共生关系

地衣是真菌和藻类共生的产物，共生使两种生物彼此获益。成为地衣后，真菌为藻类提供水分、抵御光照、防止脱水；藻类通过光合作用，为自己和真菌提供养分。

地衣是如何形成的

1 真菌的孢子与藻类相遇。

菌丝

真菌的孢子

藻细胞

2 孢子围绕藻类生长，藻类也进行繁殖。

3 两者结合成为新的微生物（地衣的叶状体）。

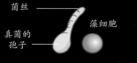

叶状地衣

叶状地衣外表瞩目，叶片舒展，是最常见的大型地衣。

肺衣

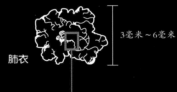

3毫米~6毫米

子囊盘

因为含有真菌的孢子，所以子囊盘参与真菌繁殖。

粉芽

粉芽是由菌丝缠绕的藻类组成的，是地衣分裂产生的个体。

茸毛

由皮层或髓层的菌丝末端组成。

藻层

该层长有绿藻，进行光合作用，为真菌提供养分。

光合作用细胞群

藻类成为地衣的一部分之后，被称为光合作用细胞群。

真菌层

组成地衣的真菌多为子囊菌。真菌为藻类提供生存所需的水分。

菌丝

无色，交织在一起的真菌的丝状结构。

髓质

由菌丝构成的髓质。

蓖麻毒素

由于形状与肺相似，它被认为可以治疗与肺相关的疾病，"肺衣"的名字由此而来。

皮层

地衣的表层。

苔藓植物

苔藓是非常原始的植物。2.5亿年前，一部分绿藻进化为苔藓。只有在液态水存在的情况下，苔藓才会进行繁殖。因为苔藓成群生长，所以外表看起来像一块绿色的地毯。这种原始的植物可以作为空气污染的指标，并能减轻环境恶化。

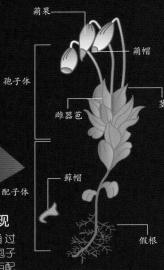

萌果
萌帽
孢子体
茎
雌器苞
藓帽
配子体
假根

孢子体的出现
受精卵通过有丝分裂形成孢子体，孢子体仍与配子体连在一起。

成熟孢子体
成熟孢子体由一个萌果（产生孢子）、一根茎（起支撑萌果的作用）和基足组成。

受精

产生配子的生殖器官发育成为绿色配子体，存活时间长达一年。在水分充足的时候，雄性配子（精子）来到雌性配子（卵子）处并结合，进行受精。雄性配子与雌性配子结合而成的受精卵发育并形成孢子体。孢子体具有生殖组织，通过减数分裂产生孢子。孢子落地后发芽，成为新的配子体。

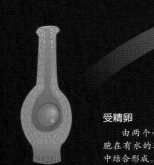

受精卵
由两个性细胞在有水的环境中结合形成。

二倍体
二倍体有两套染色体，因此有两套遗传信息。

游动精子

颈卵器
雌性性器官

精子器
雄性性器官

胚珠

成熟的配子体

单倍体
单倍体仅含有一套遗传信息与生殖细胞，例如哺乳动物的卵细胞和精细胞都是单倍体。但是高等生物体内的其他细胞多为二倍体——具有完整的两套染色体。受精过程中，两个单倍体配子形成一个二倍体细胞。苔藓的配子体、配子和孢子都是单倍体。

生命周期

苔藓植物没有花、种子及果实。与一些植物一样，苔藓也是世代交替，但与维管植物不同，苔藓的单倍体配子体积比二倍体孢子体大。它们的生物循环开始于孢子的释放。孢子在萌果中形成。孢子发芽，变成丝状体（细胞团），丝状体进一步发育成为配子体。两个性细胞结合形成的受精卵发育成为孢子体。

配子体发育
配子体发育生长。

水平丝
配子体从横向伸展的丝状体上长出。

孢子发芽
孢子发芽，形成丝状体（细胞团）。

假根

环带

蒴帽
遮盖蒴果开口的
盖子，释放孢子时它
会脱离蒴果。

约 **10 000** 种
被归入非维管植物中的
苔藓植物类的种类数。

减数分裂

减数分裂是一种细胞分裂方
式。性细胞分裂时，DNA复制一
次，而细胞连续分裂两次，形成
单倍体的精子与卵子。因此，性
细胞具有母细胞一半的染色体数
量。苔藓通过减数分裂产生配子
（性细胞），在孢子体的蒴果中
产生单倍体孢子。

蒴果
位于顶端，
内含孢子。

小型植物

相对而言，苔藓属于小型植物，
通过假根让自己固定在岩石上，并在
小型"叶子"中进行光合作用，但由
于缺乏维管植物的叶子的特有组织，
所以并不是真正的叶子。从生态学角
度来说，苔藓扮演着非常重要的角
色。苔藓通过分解其所依附的岩石参
与制造土壤；在热带雨林中，它们对
附生植物的光合作用有很大贡献。

成熟孢子体
成熟的
孢子体集中
在蒴果里。

孢子体

孢子体无法独立存在，只能依靠配子
体生存。孢子体生存时间很短，只能在一
年中的特定时间内生存。

生命的开始
苔藓的生命
始于孢子的释
放。蒴帽弹开
后，蒴果打开，
释放孢子。

5毫米

葫芦藓
苔藓植物的
一种。

孢子的旅程

蕨类植物是地球上很古老的植物，已经在这颗星球的表面生存了4亿年。蕨类植物的叶片上长有称为囊群的结构，囊群中的孢子囊就是储存孢子的地方。囊群失去水分后释放出孢子。孢子一旦落地，就发育成为配子体。雨水充沛时，配子体的雄性细胞就能够游到雌性细胞处，形成受精卵，成为孢子体。

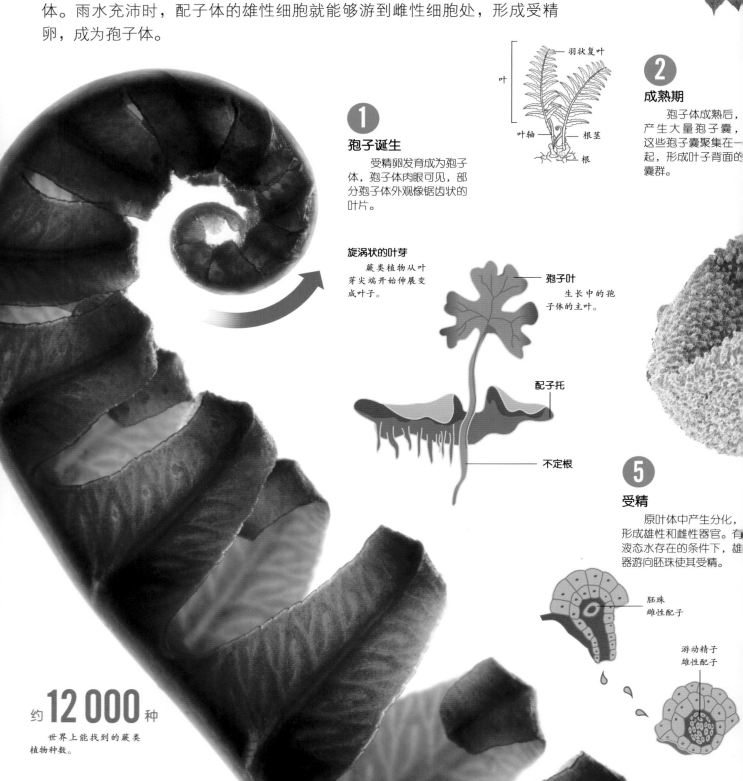

叶 ——羽状复叶

叶轴—— ——根茎

根

1

孢子诞生

受精卵发育成为孢子体，孢子体肉眼可见，部分孢子体外观像锯齿状的叶片。

2

成熟期

孢子体成熟后，产生大量孢子囊，这些孢子囊聚集在一起，形成叶子背面的囊群。

旋涡状的叶芽

蕨类植物从叶芽尖端开始伸展变成叶子。

孢子叶 —— 生长中的孢子体的主叶。

配子托

不定根

5

受精

原叶体中产生分化，形成雄性和雌性器官。有液态水存在的条件下，雄器游向胚珠使其受精。

胚珠 雌性配子

游动精子 雄性配子

约 **12 000** 种

世界上能找到的蕨类植物种数。

二回羽叶
内侧生有囊群的
小型裂片。

囊群
含有孢子囊。

囊群盖
孢子在孢子囊中发育
期间，盖在囊群上形成保
护作用的盖状结构。

胎座

孢子囊
容纳孢子的微小囊
状结构。

丝状体
在胎座上
与二回羽叶连
接的结构。

叶轴
叶片为分叉的
中心柄状结构。

3

孢子发射器
孢子囊干燥枯萎时，会
以弹射的方式释放里面的孢
子。

3 亿

1片叶片能产生的孢子
数量，总重量为1克。

孢子
孢子是
最适合被传播
的个体。它们个
头极小，形态符合空
气动力学特性。

薄壁
由单层细
胞组成。

4

发芽
孢子进入适宜的环境后，
就发育成为多细胞的配子体，被
称为原叶体。

环带
薄壁上一排特
殊的细胞。干燥
时，环带收缩，使
孢子囊开裂，散出
孢子。

精子器
雄性性器官

颈卵器
雌性性器官

新生原叶体

组成原叶体
的薄层细胞

假根　　**孢子**

配子体

假根

孢子囊是如何形成的

A
起初是一
个表皮细胞。

B
位于下
方的细胞形
成了一根细
细的柄。

C
柄分裂，
形成4个原始细
胞以及孢囊。

D
成熟的孢子
囊外层由一层单
细胞构成。

E
通过减数
分裂形成固定
总数的孢子。

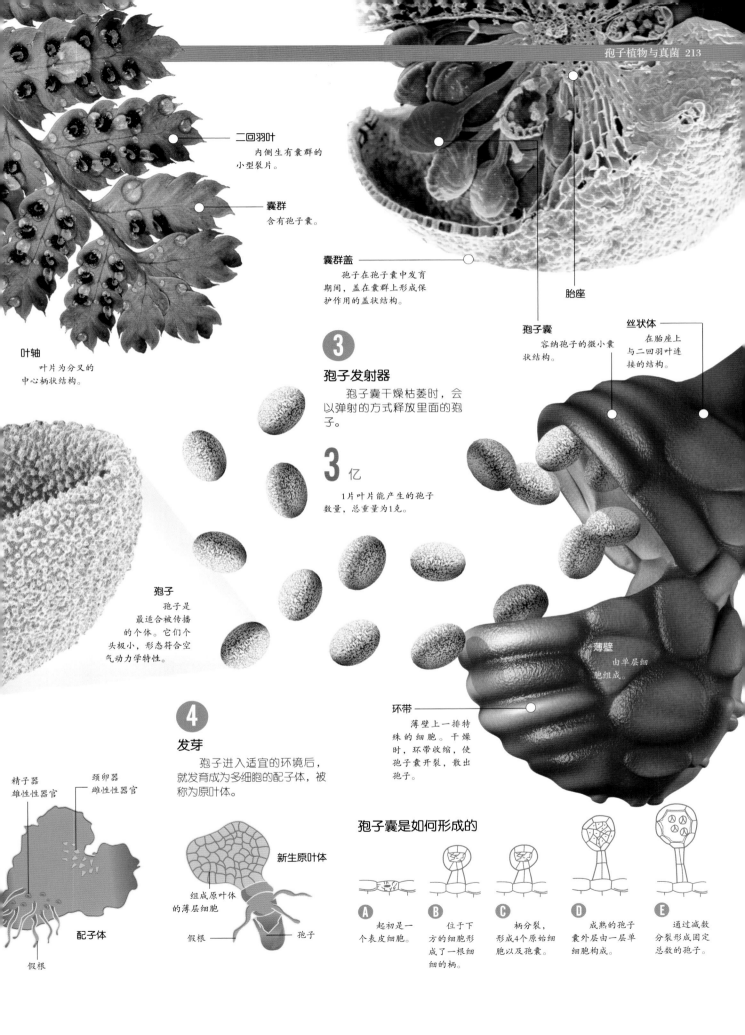

真菌的世界

　　曾经很长一段时间，真菌被划分为植物界。然而，与植物不同，真菌是异养生物——无法生产自己所需食物。有的真菌独立生存，而有的则是寄生生物。真菌像动物一样用糖原储存能量。真菌的细胞壁由几丁质组成，几丁质也是组成昆虫坚硬外壳的物质。

真菌：特殊的一界

　　真菌能在各种环境中生长，尤其是潮湿幽暗的环境。在海拔高达4 000米的地方仍能找到真菌踪迹。真菌分为4门，此外还有半知菌类真菌，因为半知菌不进行有性繁殖，因此未归入前4门。目前，有1.5万种真菌属于半知菌。近来，科学家们根据对半知菌的DNA分析将它们划分为半知菌亚门。

壶菌门

　　壶菌是真菌界中唯一能产生可移动细胞的真菌。它们能够产生雄性配子和雌性配子，并将其释放到水中达到繁殖目的。壶菌生活在水中或陆地上，部分为腐生生物，部分为寄生生物。壶菌的细胞壁由几丁质构成。

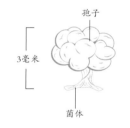

孢子

3毫米

菌体

品种

　　壶菌门中，各种类具有明显的结构差异。在生殖期内，它们会产生单倍体和二倍体的孢子。

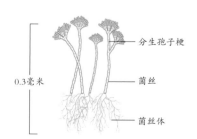

4 摄氏度 ～ **60** 摄氏度

　　潮湿环境中，真菌能在这个温度范围内生存。

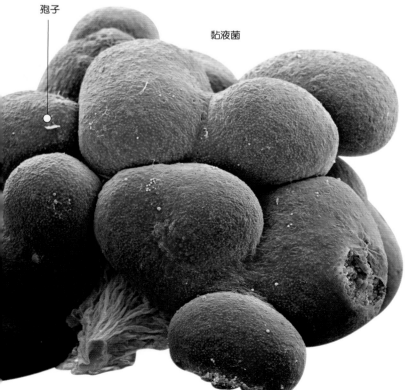

孢子

黏液菌

半知菌亚门

　　因为目前还未发现半知菌进行有性繁殖，所以半知菌也被称为不完全菌。很多半知菌寄生于动物或人类皮肤上，引发藓菌病或真菌病。其他半知菌，例如青霉菌，能产生青霉素；又如环孢子虫，具有极重要的药用价值和商业价值。

0.3毫米

分生孢子梗

菌丝

菌丝体

性别不明

　　半知菌的分生孢子是进行无性繁殖的微型孢子，它们储存在称为分生孢子梗的结构中。

黑色根霉菌

担子菌亚门

担子菌亚门包含了人们最熟悉的真菌，蘑菇就是其中一种。蘑菇的生殖器官就是菌盖。蘑菇的分支能深入地下，或变成其他有机基底。

担子

120毫米

菌丝体

鸡油菌

有菌盖的蘑菇

菌盖形状独特，保护着能产生孢子的担子。

80 857

真菌界中已被识别出的种类数量。科学家估计，地球上的真菌种类将近有150万种。

接合菌亚门

接合菌亚门中的真菌为陆生真菌，它们通过孢子囊进行有性繁殖。孢子囊是双倍体细胞，在没有进入适宜繁殖的环境前，细胞壁不会破碎。此外，接合菌也能进行无性繁殖。大部分接合菌生活在土壤中，以植物或动物尸骸为食。部分接合菌寄生于植物、昆虫或小型陆生动物上。

孢子囊

0.3毫米

孢囊柄

菌丝体

大量的囊

两个异性配子结合形成孢子。此外，接合菌也可以通过孢子囊破碎，释放孢子的方式进行无性繁殖。

子实体　白色菌丝

黑曲霉

含有孢子的子囊

麦角菌

子囊菌亚门

子囊菌亚门所含真菌种类最多。酵母菌、白粉菌、常见的黑色和黄绿色霉菌、羊肚菌和松露都属于子囊菌亚门。子囊菌的菌丝被分为几个部分。其无性孢子（分生孢子）体积很小，产生于特殊的菌丝末端。

爆裂

成熟后子囊爆裂，将有性孢子（子囊孢子）释放到空气中。

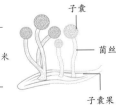

子囊

15毫米

菌丝

子囊果

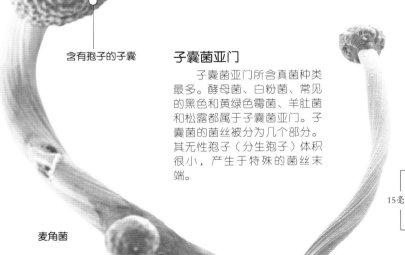

真菌的养分来源

真菌不会像动物一样直接摄入食物。与动物不同，真菌先将食物分解为小分子，再吸收。大部分真菌以已死亡的有机物为食。部分寄生真菌从寄主处吸收养分；一些捕食真菌以捕获的猎物为食。许多真菌与藻类、细菌或植物建立了互利关系，它们从后者身上获取有机物。

化学变化

真菌直接从环境中吸收其所需的有机或无机物。首先，真菌分泌消化酶到食物表面，这个过程中发生的化学反应产生了更简单、更容易吸收的化合物。

菌盖

菌盖是最容易被发现的标志物。担子菌的菌盖是生殖结构，里面含有孢子。

寄生菌

如灵芝以及柱状田头菇等寄生菌寄生在其他植物上。一些寄生菌的宿主是动物，它们可能会导致宿主死亡。

腐生菌

腐生菌能够分解一切有机物。腐生菌的食物以植物遗体为主，偶尔也会在动物遗骸上发现。

共生

真菌从植物中获取养分，同时也帮助植物从土壤中获取水和矿物质。这类真菌的每一种都有其特点。

捕蝇蕈属的真菌，如图所示，具有典型的蘑菇伞，符合经典的蘑菇形象。

菌丝体

蘑菇孢子找到合适的环境时，就开始产生菌丝。这些菌丝延伸至周围的地方，大量的菌丝结构被称为菌丝体。菌丝体聚拢并向上生长，形成结实体时，就会形成蘑菇。

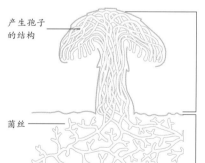

产生孢子的结构

菌丝

结实体

担子果或菌帽产生新孢子。

营养菌丝体

营养菌丝体由生长在地下的细长菌丝组成。

表皮

覆盖菌盖的皮或膜被称为表皮，该结构可以呈现出多种色彩及质地：天鹅绒状的、多毛的、鳞状的、线状的、纤维状的、毛茸茸的、光滑的、干燥的或黏稠的。

菌褶

菌褶产生孢子。种类不同，菌褶的形态也不同。

放大的菌褶

担子

担子结构精妙，每4个细胞聚集为1个单位，进行繁殖。

担子

担孢子

子实层

子实层位于菌盖下层。子实层负责生产孢子，其结构包括管、褶皱、绒毛状突起，甚至还可能有针状结构。

真菌的生命周期

真菌在有性或无性生殖过程中产生孢子。孢子将真菌带到新的栖息地，甚至能够帮助真菌在不适宜的环境条件下生存。

子实体发育

生成菌丝

产生孢子

释放孢子

真菌的生长过程

以捕蝇蕈为例，初生时其子实体像一颗白色的蛋。"蛋"不断长大，舒张。菌盖一开始是完全闭合的，而后像伞一样慢慢张开并变色。

菌幕

菌幕保护着菌幼体的部分子实层。

菌柄

菌柄呈柱状，支撑着菌盖。生物学家能够根据菌柄分辨真菌品种。

菌托

菌托是菌柄基部的菌幕残余。种类不同，菌托的形态也不同。

致幻型毒菌

神奇的消化能力

真菌能够分解多种非常规"食材"：一部分真菌能分解石油，还有些能分解塑料。科学家研究的第一类抗生素——青霉素也是由真菌产生的。许多有用的化合物的生产过程需要真菌参与。科学家们正在研究借助能够分解石油的真菌，清理石油泄漏以及其他化工灾害。

可食松果菌
松果上长出的菌

有毒的真菌

有毒的真菌是指摄入后会引起中毒反应的真菌。根据有毒真菌在食用者身上产生的危害，毒性会随着种类不同，以及摄入量不同而变化。某些时候，中毒并不是由直接吃有毒真菌引起的，而是吃了被有毒真菌污染的食物，如谷物制品，其中最常见的是黑麦，较少见的是燕麦、大麦和小麦，它们都可以成为有毒真菌的宿主。这些真菌的毒素能引起幻觉、抽搐，对人体器官组织造成非常严重的伤害。

对黑麦的影响

麦角菌寄生在黑麦上，会产生生物碱毒素——麦角克碱、麦角新碱、麦角胺、麦角隐亭。被麦角菌寄生的大麦做成食物后，这些真菌毒素会被人体吸收。这些有毒物质能直接作用于人的神经系统，并引起血管收缩。

2
果实

子囊壳是子囊菌的子实体或生殖器官。子囊壳是顶端有洞的封闭子囊果。子囊在子囊壳中。

3
孢子

子囊是盛有子囊孢子的囊状细胞。一般来说，每8个子囊组成一团。它的重量很轻，能够随风飘扬。

1
释放

在封闭的子囊果中，会形成子座或紧凑的细胞体。在子座或细胞体内生成大量子囊壳。

摄入

真菌毒素主要通过面粉食品进入人体。

麦角中毒

麦角中毒，就是食用了含有麦角菌产生的生物碱的黑麦面包等食品而产生的症状。生物碱通常会影响人的神经系统，减少四肢血液循环，导致麦角中毒的显著症状——四肢产生灼烧感。

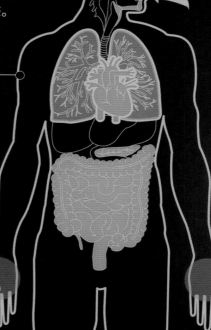

神经系统

嗜睡、易困以及其他更加严重的症状，例如抽搐、幻觉和失明。这都是麦角克碱作用于神经系统引起的症状。

四肢

麦角胺引起血管收缩，导致坏疽。

麦角菌

④

寄生真菌

有性孢子或无性分生孢子寄生于黑麦花上。这些寄生真菌导致植物组织坏死，并形成菌核硬粒。麦角菌的名字与"角"有关，正是因为麦角菌硬粒的外观似角一样。

毒蘑菇

在不清楚哪些可食用，哪些有毒的情况下，食用某些真菌的子实体是很危险的。目前还没有方法可以轻易、准确地分辨蘑菇是否有毒。唯一可做的就是食用人工种植的食用菇，不食用野生的蘑菇。

鳞柄白毒伞

可爱而致命

鳞柄白毒伞会导致肝脏中毒。从春季到秋季，该蘑菇都能生长。它们多在沙漠、土壤呈酸性的林地和山区出现。其菌盖为白色，直径在5厘米~12厘米之间，菌柄和菌褶也同为白色，菌褶可能与菌柄分离。菌柄底部有一个杯状菌托，但可能埋在土里，或因为其他原因不可见。

昆虫杀手

毒蝇伞蕈得名于其天然的杀灭苍蝇的能力。其菌盖通常为红色，直径在15厘米~20厘米之间。菌盖上可能有白色或黄色的疣。其菌柄在菌托处更为厚实，看起来质地像棉花。菌柄上有一个白色的圈，看起来像裙子。毒蝇伞蕈生长于夏季和秋季的针叶林和落叶林中。食用毒蝇伞蕈会引起胃肠和精神不适症状。

黑面包

威士忌

面粉

毒蝇伞蕈

黑麦面包的历史

中世纪的欧洲，小麦面包价格昂贵，不属于平民饮食。大部分人吃黑麦做的面包和酿造的啤酒。这使得他们很容易摄入麦角菌产生的真菌毒素。因此，那段时间发生了许多麦角中毒事件。现代的黑麦面包及其他产品在生产中采用了预防措施，这使麦角中毒数大大下降。

致病菌

能导致人、动物或植物生病的真菌被称为致病菌。这些生物产生的毒素，会对人造成不良影响，对农业造成重大危害。致病菌如此危险的原因之一在于，它们对温度、湿度和酸碱度具有很高的耐受性。曲霉属分类下的真菌就能产生极高的毒性。

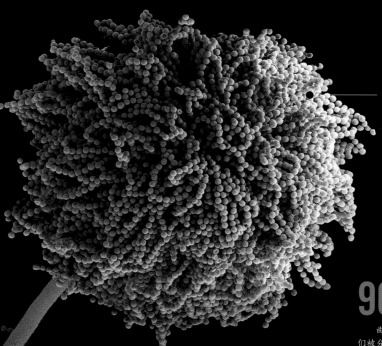

分生孢子链

分生孢子是在菌丝末端形成的无性孢子。在此图中，分生孢子互连形成链状。

分生孢子

分生孢子体积很小，在空气中容易传播。

瓶梗

分生孢子形成于这类细胞上。

900

曲霉属下的真菌种类数量。它们被分为18种。其中大多数与人类疾病相关，例如曲霉病。

分生孢子梗

子实体或生殖体上的菌丝体。无性孢子或分生孢子就在这个结构上生成。

黄曲霉

黄曲霉会导致对其有过敏反应的人过敏。除此之外，黄曲霉能感染种子，例如霉变的花生，会产生次级代谢产物——霉菌毒素——有剧毒。

腐生霉菌

曲霉属下除了致病菌之外，还有一些种类能够分解死去的昆虫尸体，使养分重回土壤。

白曲霉

　　白曲霉是不完全菌，也称半知菌。特征是具有分生孢子头这样的生殖结构。分生孢子头由形状像瓶子的冠状瓶梗包围囊泡形成，孢子链从瓶梗末端生出。

分生孢子头

　　具有绿色的菌丝体，以及短而丰富的分生孢子梗。

黑曲霉

　　子实体为黄绿色，但分生孢子成熟后就会变成黑色。它具有较大的分生孢子梗，以及覆盖其孢子头囊泡四周的瓶梗。它在被霉菌覆盖的面包上可以找到。

12种

　　与人类疾病相关的曲霉种数。例如烟曲霉、黄曲霉、黑曲霉和土曲霉等。

烟曲霉

　　该致病菌能影响免疫力低下的人群，造成严重侵袭性疾病。

神奇的酵母

酵母菌
酿酒酵母

酵母也是一类真菌，它与其他真菌一样分解有机物——这一特性非常实用，人们已经开发出各种用于家庭和工业用途的酵母产品，例如药物、烘焙食品和酒精饮料。了解酵母菌是如何进食、繁殖的，就能明白啤酒是如何生产出来的。

珍贵的新芽

酿酒类的酵母菌既能进行无性繁殖，也能进行有性繁殖。氧浓度足够时，酵母菌进行有性繁殖；氧浓度降低时，酵母菌就进行出芽生殖。出芽生殖是由母体长出新个体的无性繁殖方式。这一方式让大麦籽粒产生了水、酒精（乙醇）以及大量二氧化碳——正是二氧化碳造就了啤酒中特有的气泡。

2 孢子
含有酵母菌子囊孢子的子囊形成了。

1 减数分裂
二倍体细胞形成4个单倍体细胞。

发酵

在厌氧条件下，酵母菌仍能获取能量，并产生酒精。发酵过程中，酵母菌从葡萄糖分解时产生的丙酮酸中获取能量。糖酵解的过程中会产生二氧化碳，二氧化碳和酒精不断累积，最终产出了啤酒。

3 释放子囊孢子
子囊开口，释放出所含孢子，而后孢子通过有丝分裂进行繁殖。

周期

生长与繁殖——在氧与养分充足的情况下，酵母菌会不断重复有性繁殖周期。

葡萄酒酵母
除了生产啤酒，酵母菌也用来生产葡萄酒。在葡萄酒的生产过程中，糖分解时产生的二氧化碳被排放掉了。

4 子囊孢子结合
单倍体细胞结合，并形成新的二倍体细胞。

6 复制
在这一阶段中产生大量细胞。

5 出芽生殖
在适宜的条件下，二倍体细胞开始进行无性繁殖。

酵母菌
椭圆酵母。

自制面包

许多食品都是用酵母菌制成的，其中最重要的一种就是面包。在制作面包的过程中，酵母菌以面粉中的碳水化合物为养料。与生产酒不同，制作面包过程中需要氧气让酵母菌生长。在酵母菌快速消化碳水化合物的过程中，释放出了大量的二氧化碳。二氧化碳产生的孔洞使面团膨胀，形成面包松软的结构。

细胞核

控制细胞的所有活动。细胞核的复制保证了每个子细胞都与母细胞完全相同。

线粒体

在氧气充足的环境中，这些亚细胞结构变得非常活跃。

细胞膜

细胞膜控制着出入细胞内外的物质，起选择性过滤器的作用。

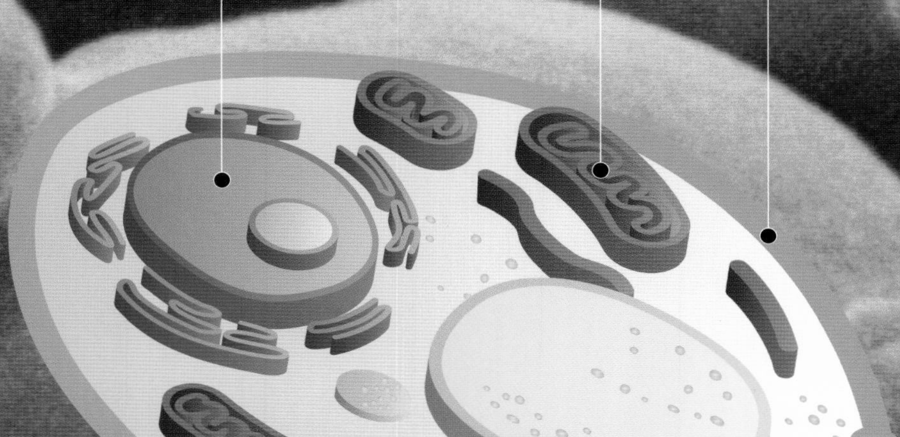

出芽生殖

在缺氧时，酵母菌不同位置生出新芽，之后会脱落，并长成独立的新个体。

12%

普通酵母菌能耐受的最大酒精百分比，再往上升，酵母菌会停止繁殖甚至死亡。

发酵酶

线粒体内膜系统产生的复合酶，它可以催化糖类转化成酒精和二氧化碳。

液泡

该细胞器含有细胞新陈代谢所需的水和矿物质。这些养分帮助调节细胞活动。

科罗拉多大峡谷国家公园
科罗拉多河的杰作。大峡谷全长
440多千米，是世界七大奇景之一。

第八章

自然
奇观

从喜马拉雅山脉那皑皑白雪覆盖的山峰，到科罗拉多大峡谷鬼斧神工的岩壁；从伊瓜苏瀑布磅礴大气的流水，到撒哈拉沙漠酷热干燥的风沙——地球向世人展现着天堂般的景致——大自然的创作灵感在这些舞台上尽情挥洒，生命的无穷变化尽在其中。

撒哈拉沙漠

撒哈拉沙漠是世界上最大的沙漠，位于北非地区，面积900多万平方千米。撒哈拉沙漠中地形丰富，有岩石高原、石漠（戈壁滩）、泥沙层、砂砾层、成片的沙丘和沙质沙漠。这里，白天高达50摄氏度的气温会在夜间骤降，甚至能降至零下30摄氏度。

图阿雷格族

图阿雷格族是居住在撒哈拉沙漠地区的游牧民族，主要聚居在北非的几个国家中。他们以游牧为生，饲养骆驼与羊。

撒哈拉沙漠的"沙"并不多

撒哈拉沙漠中被沙覆盖的面积仅占总面积的9%。沙质沙漠中的沙丘随风移动，与石质沙漠不同。

食物短缺

居住在撒哈拉沙漠的生物们，除了必须对付高温，还必须面对食物匮乏的考验。食草动物需要长途跋涉才能获得植物；而食肉动物，例如耳郭狐，由于沙漠动物种类有限，则很难找到猎物，有时甚至毫无选择的余地。肥尾沙鼠在食物充足时拼命补充脂肪，会撑到难以动弹才作罢。

200升

一头骆驼一次性摄入的最大水量。

世界上的沙漠

一条广阔的沙漠带从大西洋延伸至亚洲中部，撒哈拉沙漠正是其中最突出的一部分。沙漠主要位于热带及亚热带地区。上述地区由于日照充足，常年气温很高，因此仅在夏季才有极稀少的降雨。

绿洲

地下水上涌形成池塘。动物在此饮水，枣椰树在此生长。在枣椰树的荫蔽下，其他果树和谷物也在此生长。

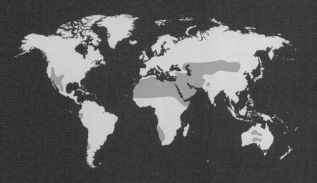

皱脸秃鹫

曲角羚羊

梳齿鼠

小鹿瞪羚

蚁狮

在沙漠中前进

骆驼适应了非常柔软的沙土。它们的体重并未集中到蹄上，而是分散到了各个肉掌上。这样的行走方式，让它们不会陷入沙中。

沙漠玫瑰石

沙漠玫瑰石是撒哈拉沙漠里一种特殊的沉积岩，具有酷似玫瑰的形状。

石漠

这种布满砾石的荒漠占撒哈拉沙漠总面积的80%。

夜间活动

白天酷热难耐的高温使得大多数动物躲在阴凉处。日落后气温急剧下降，动物们趁此外出寻找食物和水。

埃及燕鸻

单峰骆驼
单峰骆驼一次性能够摄入的水量高达150升。

白腹沙鸡

南非剑羚

耳郭狐

北非沙漠猬

珍珠鸡

尼日王者蜥

撒哈拉小沙鼠

蝎子

砂鱼蜥

圣甲虫

莫桑比克射毒眼镜蛇

死亡谷

在美国加利福尼亚州东部的莫哈韦沙漠中，死亡谷占据超过1400平方千米的面积。赛马场盐湖上自行漂移的石头和尤里卡沙丘低吟的响沙，让死亡谷成为世界上最美妙的奇观之一。

断层的功劳

死亡谷的长达250千米的盆地被右旋走滑断层分为两部分。死亡谷是由地面下沉形成的，因此其海拔在海平面数十米之下。

94 摄氏度

死亡谷地面温度最高纪录（1972年7月15日）。

风帆石

在荒漠中自行移动的石头。人们猜测这可能是磁场、引力或细菌等造成的。

断层下降盘

断层面

断层上升盘

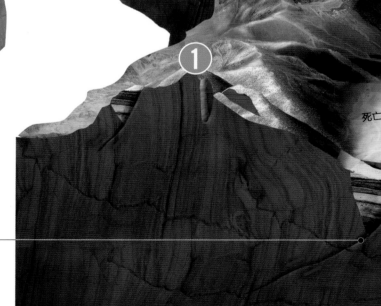

帕纳明特岭

死亡谷

空气环流

夏季，死亡谷气温可高达47摄氏度，几乎算得上是地球上最热的地方。热空气上升到崎岖不平的山脉上空，温度稍稍下降后，重新循环下降至山谷内，其温度再次升高。这一空气环流使地面土壤温度上升，热空气炙烤着干燥的土壤，使谷内保持着沙漠景象。

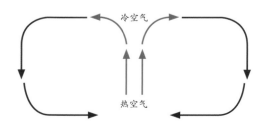

冷空气

热空气

尤里卡沙丘

尤里卡沙丘长5千米，宽1.5千米，是加利福尼亚州最大的沙丘场。站在沙丘顶端，可以观测到一种独特的现象：响沙。当沙从斜坡上划过时，会发出奇怪、低沉的声音，使人联想到口琴吹出的乐声。右侧是最常见的沙丘类型。

 新月形沙丘
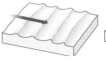 横向沙丘
 星状沙丘
 纵向沙丘

恶魔的玉米田

位于死亡谷较低的一端且向外延伸的地段。尽管这里土壤含盐量很高，但生长的灌木仍旧枝繁叶茂。

恶水盆地

位于海平面下方的盐田。涨水时，死亡谷的高温使水蒸发，地面上留下盐结晶。

阿马戈萨岭

重要景点

▶ 景点

 特利斯科普峰
 恶水盆地
 扎布里斯基角
 索尔特溪
 恶魔的玉米田
 牧豆树平原沙漠
⑦ 烟囱井
⑧ 瀑布峡谷
⑨ 优比喜比火山口
⑩ 尤里卡沙丘
⑪ 赛马场盐湖

▶ 地层

中新世花岗岩
早古生代
原生代
上新世-第四纪（年代较久远的沉积物）
上新世-第四纪（冲积层）
中新世-上新世

喜马拉雅山脉

喜马拉雅山脉被誉为"世界屋脊"。近9000米高的世界最高峰就坐落于喜马拉雅山脉上。这座巨大的山脉，占地面积约59万平方千米，横跨巴基斯坦、印度、尼泊尔、不丹和中国。

印度板块和欧亚板块的碰撞

该碰撞始于5000万年前，碰撞带发生变形，喜马拉雅山脉和青藏高原拔地而起。随着印度板块以每年约2厘米的速度向北运动，喜马拉雅山脉还在不断升高。

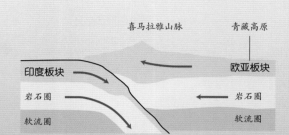

20 厘米/年

印度板块和欧亚板块相撞前，印度板块已以此速度漂移了4000万年。

伟大的天然屏障

高逾8000米的世界最高山脉是印度次大陆和亚洲其他地区之间难以逾越的屏障。

最高的山峰

8167米	8163米	8201米	8848米	8516米	8463米	8586米
道拉吉利峰	玛纳斯卢峰	卓奥友峰	珠穆朗玛峰	洛子峰	马卡卢峰	干城章嘉峰
（尼泊尔）	（尼泊尔）	（中国/尼泊尔）	（中国/尼泊尔）	（中国/尼泊尔）	（中国/尼泊尔）	（中国/尼泊尔）

喜马拉雅山脉的植被

　　海拔4 500米处，生长着苔藓、地衣和小灌木；而海拔3 500米处，则生长着喜马拉雅松、雪松、桦树和刺柏。

牦牛

　　牦牛肉和其他牛肉一样鲜嫩，但营养更为丰富。多年来，牦牛的肉和奶哺育了无数藏族人。

国家边界

　　巍峨耸立的喜马拉雅山脉是5个国家的自然边界，这5个国家分别是中国、巴基斯坦、尼泊尔、不丹和印度。喜马拉雅山脉主要的山峰在不同的国家都有登山入口。举例来说，想要攀登珠穆朗玛峰，既可以从中国进山，也可以从尼泊尔进山。

亚洲水塔

　　亚洲南部几乎所有的大河都发源于喜马拉雅山脉的湖泊或泉水。最终汇入阿拉伯海的印度河，源头在山脉西侧；最终汇入印度洋的孟加拉湾的恒河和布拉马普特拉河（上游称雅鲁藏布江），源头在山脉南侧与北侧；最终汇入印度洋的安达曼海的缅甸第一大河伊洛瓦底江，源头在喜马拉雅山脉东侧。

约 **10 000** 次

　　过去50年里，人们尝试攀登珠穆朗玛峰的次数。其中3 000次是成功的，共有约2 000人成功登顶珠穆朗玛峰。

攀登珠穆朗玛峰

　　1953年，人类第一次登顶这座世界上最高的山峰（登山者：新西兰人埃德蒙·希拉里和夏尔巴人丹增·诺尔盖）。现在，人们已经登顶珠穆朗玛峰超过3 000次。不过，珠穆朗玛峰曾夺走200余名登山者的生命。

埃德蒙·希拉里

丹增·诺尔盖

顶峰
9号营地
8号营地
7号营地
6号营地
5号营地
4号营地
3号营地
2号营地
大本营

南坡路线（尼泊尔一侧）

乌尤尼盐沼

玻利维亚西南部的乌尤尼盐沼位于海拔3 700米处，占地面积1万多平方千米。乌尤尼盐沼不仅盛产盐类资源，还是世界上锂资源储量最大的地区之一。乌尤尼盐沼是由曾经覆盖美洲大陆的古老海洋蒸发形成的，它由11层盐层组成，盐层厚度为2米～10米不等。

重要地点

1	乌尤尼盐沼
2	科伊帕萨盐湖
	古托卡湖 1.5万年前
	盐岩层

印加瓦西岛

由石灰石火山的残存部分组成，在此处生长的仙人掌被视为一大奇观。

1

距科尔查尼镇65千米远

圣胡安

乌尤尼盐沼是如何形成的

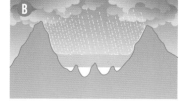

A

雨水和冰雪融化的淡水淹没了玻利维亚的高地，形成了一个盐湖（在安第斯山脉形成过程中，较低地层中的古老海洋的盐分随地层上升，当该地区被淹没时，盐分就溶解在了水中，这就是盐的来源）。

B

太阳和风使水分蒸发，盐析出，留在了较低的地层中。

C

新的降水再一次淹没该地区。

D

水分再一次蒸发，盐随着每次蒸发不断被析出，不断累积。

的的喀喀湖

丰水期时，的的喀喀湖涨水，汇入波波湖，再由波波湖涌入科伊帕萨盐湖和乌尤尼盐沼。洪水涌入的盐沼看起来像明镜一般。

科伊帕萨盐湖

图努帕火山

哥伦布时期的木乃伊墓地就在图努帕火山。火山得名于雷和闪电之神的名字。

高度
5 435米

渔夫岛 ①

乌尤尼盐沼
海拔3 653米。

加工盐

生产盐的传统方法是把湖里的湿盐堆成金字塔一样的小堆，以促进水分蒸发，方便运送。

科尔查尼

乌尤尼

盐堆

厘米～20厘米

盐结晶

裂缝

表面张力使浓盐水上升

盐层表面浓缩

盐和盐水

湖底沉积物

盐沼的表面

在雨季（1月～3月）期间，盐沼大部分被雨水覆盖。雨季结束时，在太阳和风的作用下，雨水蒸发，盐沼表面变得光滑洁白。当水分彻底蒸发后，这层约10厘米～20厘米厚的盐壳会开裂。第一道裂痕是线状的，能绵延数千米。接着，裂痕越来越密，在盐壳表面呈现出多边形的形状。

多边形盐壳

地下盐层形成中，表面出现的六边形结构。

东非大裂谷

素有"地球伤疤"之称的东非大裂谷是世界上最长的裂谷系统，从红海绵延6000千米，一直延伸至马拉维湖。大裂谷最宽之处可达200千米。裂谷两侧被一连串拔地而起，最高可达1.6千米的陡壁悬崖包围。

复杂的裂谷系统

东非大裂谷是由一系列相连的断层如埃塞俄比亚裂谷与东非裂谷的东西侧分支组成的复杂地形。

非洲

红海
苏丹
努比亚板块
厄立特里
埃塞俄比亚
中非
南苏丹
图尔卡纳湖
肯尼
艾伯特湖
乌干达
莫罗托山
刚果
贝克山
东板块
卢旺达
布隆迪
维多利亚湖
西板块
坦桑尼亚
坦噶尼喀湖
尼亚萨湖

遇湖而分开

非洲最大的湖——维多利亚湖坐落于东非大裂谷西侧分支和东侧分支之间。科学家们认为，裂谷向两侧分支是因为断层的发展受到此湖下被称为稳定地块的古老的变质岩阻挡。

东非大裂谷是如何形成的

1 地壳上升
高温的地幔上升，使地壳表面膨胀凸起。

2 裂谷形成
板块移动，使大陆承受巨大的水平张力。大陆开裂，岩浆流出，伴随着火山活动，产生了一个巨大的峡谷。

3 从峡谷到海洋
水平张力使大陆地壳断裂。在断裂的两块大陆之间，形成了中心有斜坡的海洋地壳。现在的红海就是这样形成的。

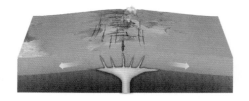
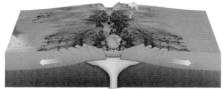
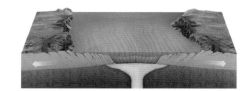

裂谷系统

下图标示了构造板块边界、海拔高度、东非高原和湖泊，它们一起组成了东非大裂谷系统的各裂谷分支。人们单独命名了裂谷分支中的小型裂谷，而主要裂谷分支则有着数种不同的叫法。

▶ 图例

- 〜〜〜 板块边缘
- ·········· 板块边缘发展
- ▢▢▢▢▢ 穹地边缘
- ▧ 非洲裂谷边界
- ▧ 埃塞俄比亚裂谷边界
- ♣ 恩格龙格鲁自然保护区

埃塞俄比亚裂谷

该裂谷断裂后产生了当代埃塞俄比亚东北部和厄立特里亚的高原。随着高原崛起，巨大的压力使地壳破裂，使之分为3个断裂带，这3个断裂带被称为"三联断裂带"：其中一个位于红海，另一个位于亚丁湾，最后一个横跨埃塞俄比亚。

沿大裂谷两侧的岩石群以每年1毫米的速度下降，形成地堑。

恩戈罗戈罗保护区

孕育大裂谷的地质力量至今仍保持着活力，在恩戈罗戈罗保护区还能发现到它的活动迹象。

① 恩戈罗戈罗山形成于2 000万或3 000万年前，与大裂谷形成时期一致。沿着断裂上升的熔融物质形成了大量的火山，该地区被称为恩戈罗戈罗高地。

② 大约500万年前，恩戈罗戈罗山达到了最高高度——4 570米。但200万年后，地质活动向东发展，高地上的火山陷入沉寂。

③ 恩戈罗戈罗火山突然喷发，爆炸喷射出岩石和火山灰。一个巨大的地下岩浆室形成，火山随后崩塌，导致一个巨大的火山口状洼地形成。

科罗拉多大峡谷

科罗拉多大峡谷不仅仅是世界上最大的奇观之一，它也是一本史册，向世人展示了地球漫长的地质发展进程。科罗拉多大峡谷沿美国亚利桑那州的科罗拉多河绵延446千米，属于科罗拉多国家公园的一部分。

加州神鹫
上世纪末几近灭绝的加州神鹫，通过人工抚育和圈养保护，在科罗拉多大峡谷重现英姿。

清晰的分层
这些清晰的分层由科科尼诺砂岩或海洋沉积物构成。在分层中，科学家们发现了脊椎动物的踪迹。

红色岩层
这三层均由含有大量化石的石灰石岩和红砂岩组成。

灰色地层
形成于5亿年前，由数层砂岩和石灰质页岩形成的水平岩层组成。

深色地层
大峡谷最深的地层仍不断地被科罗拉多河侵蚀。该地层中的部分岩石已有20亿年的历史。这些岩石在形成时所处的环境的温度极高。

郊狼
郊狼生活在河岸附近，但不容易被观察到，常常只闻其声，不见其踪。

栖息于大峡谷的动植物

大峡谷国家公园拥有全美最丰富的生态系统。这里有着各式各样的森林和沙漠，还有着350余种鸟类，以及150余种哺乳动物、爬行动物、两栖动物和鱼类。

约**2100**米

大峡谷的最大深度，岩壁间相隔最窄处约800米。

绝妙的观景台

这座于2007年落成的大峡谷空中走廊，是在征得当地印第安部落同意后修建的。该大型透明玻璃廊桥悬空部分直径长达20米，置身其上时，大峡谷的奇妙风光一览无遗。

圆桶仙人掌

犹他杜松

科罗拉多大峡谷的最南端四处可见这种树以及矮松。

渡鸦

美洲狮

飞蓬

山棉尾兔

海狸尾仙人掌

伊瓜苏大瀑布

瀑布横跨阿根廷和巴西边境。总长3千米的伊瓜苏大瀑布是世界上最宽的瀑布。在瓜拉尼语中，伊瓜苏的意思是"伟大的水"。伊瓜苏大瀑布气势恢宏，瀑声如雷，在25千米外就能听到它的飞瀑声，是世界一大奇观。

魔鬼的咽喉

　　鸟瞰伊瓜苏大瀑布，江水倾泻而下，奔腾汇入峡谷中，伊瓜苏河从80米高处轰然下坠，震耳欲聋。

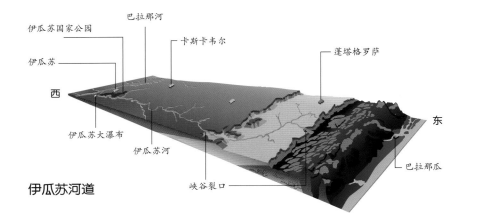

伊瓜苏河道

起源

　　20万年前，伊瓜苏大瀑布形成于阿根廷、巴拉圭和巴西三地交界处，被称为"三处交界"的一个断层处。伊瓜苏河和巴拉那河在此江聚。断层使伊瓜苏的河口变成了落差达80米的大型瀑布。

瀑布玄武岩剖面图

伊瓜苏大瀑布的阶梯状构造是由于三层玄武岩重叠而形成的。

玄武岩

每层厚度都超过15米。层次分明的三部分分别是：上层、中层和下层。

瀑布梯级分界处

177米
174米
167米
163米
143米
141米
137米
133米
7米
1米

梯级顶部
梯级中部
梯级底部
梯级顶部
梯级中部
梯级顶部

瀑布顶部
瀑布中部
瀑布底部

水文现象

1 水流缓慢地冲走软岩。

2 软岩上方的硬岩（如玄武岩）开始瓦解掉落。

3 残余的玄武岩、黏土、石灰岩、沙子随时从河床剥落。

4 在流水的作用下，瀑布的梯级不断回缩。

5 与此同时，河流冲走碎片。

南极洲

气温最低可降至零下70摄氏度，风速可高达200千米/时的南极洲是一块巨大的白色大陆，同时也是地球上最冷的生物栖息地。虽然在南极洲厚厚的冰层上，特别是沿岸区域，只有藻类、苔藓和地衣生存，但是，营养丰富的洋流和海底的热液喷口，使南极洲及其海域拥有丰富的浮游生物与极地动物。

极限求生

生活在南极洲的很多动物在岸上休息、繁衍，但它们必须下海寻找食物。企鹅是南极洲唯一的"固定居民"，它们靠厚实的羽毛和丰富的脂肪组织抵挡南极的低温。而昆虫，比如白蛉，则依赖体液中的抗冻蛋白质来防止自身细胞冻成冰晶。

空中漫游的信天翁

这种海鸟体长可生长至134厘米，双翅展开可达3.5米，是世界上翅展最长的鸟类。信天翁以鱿鱼、鱼类和打渔船丢弃的水产为食。

食蟹海豹

食蟹海豹是群居动物，最大的群体拥有5 000万个体数量。它们主要以磷虾为食，也捕食鱼和企鹅。一只成年海豹体重能达到180千克～230千克，体长可达2.5米。

象海豹

颌带企鹅

浮冰

浮冰是覆盖在海面上的冰层，厚度为2米左右，在风力和海浪的作用下碎裂。这些浮冰密度小于水，所以漂浮在海面上。随着春夏临近，浮冰渐渐消融。

鸽锯鹱

积雪

覆盖在表面上。

粒雪

顶层的雪把下面的雪"压紧"，被压实的雪变成了粒雪。

冰坡

44%的南极冰岸都是这样的冰坡。

平顶冰山

漂浮在洋面，宽度可达数千米的冰块。

南极鳕鱼

冰川冰

最下层的雪层承受着最大的压力，因此被压紧的程度最高，粒雪由此转变成冰。

水下的部分

一座冰山的2/3是浸没在水中的。

磷虾

夏季能看到巨大的虾群。磷虾的主要捕食者是迁徙到南极的鲸。鲸的下巴长有特殊的板状须，能过滤掉海水，将鱼虾留在口中。

1400 万平方千米

南极洲（大陆及周围岛屿）的大概面积。

狗拉雪橇

机动车发明之前，南极洲大陆上唯一的交通工具是由来自格陵兰岛的狗拉动的雪橇。

虎鲸

虎鲸成群结队地捕食恒温动物。它们找到在浮冰上的猎物后，用锋利的牙齿撕咬、吞噬。

抹香鲸

抹香鲸是世界上最大的食肉动物，除了北极，世界上的所有海域都能找到它们的踪迹。抹香鲸时常进行长途迁移。雄性抹香鲸前往南极寻找食物。

金图企鹅

豹形海豹

南极小须鲸

小须鲸是最小的鲸。它们捕食时使用鲸须和梳状的角质薄片来滤掉嘴里的海水，留下食物。

《南极条约》

南极洲受《南极条约》保护——各国承认南极洲永远用于和平目的。

帝企鹅

帝企鹅身高可达1米，体重可达45千克，是世界上最大的企鹅，也是色彩最亮丽的企鹅。与其他企鹅不同，雌性帝企鹅将卵产在聚居处的冰面上，再由雄性帝企鹅来孵卵。

亚马孙盆地

亚马孙盆地承载着世界上最长、流域最广的河流，孕育着世界上最大、物种最多的热带雨林。亚马孙热带雨林生活着许多独特的动植物，在世界其他地方都找寻不到踪迹。亚马孙热带雨林横跨9个南美洲国家，其中最大的一部分在巴西境内。

亚马孙盆地

雨林王国

亚马孙热带雨林占地600万平方千米，位于南美洲，在安第斯山脉和大西洋之间，几乎覆盖了整个亚马孙盆地和亚马孙河。其广阔的低地和平原覆盖了巴西北半部、哥伦比亚南部、厄瓜多尔东部、秘鲁东部和玻利维亚北部。

80%

从亚马孙盆地的动植物和真菌上提取的原材料占世界上合成西药的原材料的比例

亚马孙河

保持多项世界纪录的一条大河。其发源于秘鲁海拔5600米的密斯米雪山，经历长达6400千米的旅程，最终汇入大西洋。

物种的天堂

亚马孙雨林是世界上物种多样性最丰富的地区。该地区占世界热带雨林总面积的40%，世界上一半的动植物（已知种类）都生活在这里。这与针叶林形成了鲜明的对比，针叶林中只生活着一种林地物种——通常是某单一的针叶林物种占据着整片区域。在亚马孙雨林任意1万平方米土地上，可以找出约300种树和650种甲虫等物种。

鸟类
约 **1000** 种

鱼类
约 **3000** 种

昆虫
约 **1000** 万种

爬行动物
约 **550** 种

哺乳动物
约 **350**

亚马孙雨林

亚马孙雨林枝繁叶茂，既有参天大树，也有低矮灌木，为各种动物提供了不同的栖息位置（高度）。缺少光照的地面生活着许多物种，而阳光充沛的树冠层同样吸引着大量动物，甚至大部分生活在树冠层的动物从不涉足地面。

露生层

露生层是热带雨林乔木最高的一层，可高达70米。露生层沐浴在充足的阳光中，鹰、鹦鹉、蝙蝠、蝴蝶和猴子栖息在这一层。

王鹫

长毛蜘蛛猴

卷尾猴

五彩绿咬鹃

鬃毛吼猴

翡翠树蚺

树冠层

树冠层高度在30米～50米，超过50%的植物以及70%～90%的动物生活在树冠层。

小食蚁兽

南浣熊

鞭笞巨嘴鸟

眼镜鸮

下层林木

上层的植被阻隔了大部分阳光，兰花、地衣、蕨类植物与蛇、青蛙等生活在光照较少的下层。

绯红冠啄木鸟

大食蚁兽

地面层

仅有不到2%的太阳光线能直射到地面，此处栖息着体形较大的动物以及成千上万的无脊椎动物。

领西猯

乞力马扎罗山

乞力马扎罗山海拔5 892米，是非洲的最高点，有"非洲之王"的美誉。它巍峨壮观、庄严肃穆，伫立于坦桑尼亚东北部，是热、温、寒三带野生动植物的栖息地。

乞力马扎罗山国家公园

乞力马扎罗山国家公园涵盖了火山、森林，以及围绕着火山和森林的热带草原。

3 座死火山

乞力马扎罗山是一座巨大的火山，由3座死火山组成：最西的西拉死火山海拔3 962米；最东的马温西死火山海拔5 149米；中间的基博死火山最高，海拔5 892米。基博死火山上的主峰呼鲁峰——1889年，人类第一次登顶此峰。

乞力马扎罗山

不同的海拔位置拥有不同的气候。

- 雪地
- 非洲高山
- 常绿有刺灌木丛、平原以及密灌丛
- 雾林
- 热带雨林
- 热带草原和植被

西拉死火山

西拉火山锥

乞力马扎罗三大火山锥中年代最悠久，也是受侵蚀最严重的一座，海拔3 962米。

冰川后退

照目前由全球变暖引起的冰川后退速度，乞力马扎罗山的冰川有可能在2030年之前完全消失。

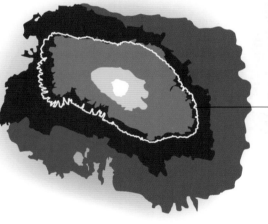

1990年

2010年

动物群

附近的平原上有大型哺乳动物，例如狮子、斑马和大象。

乞力马扎罗山并非是孤山

事实上，乞力马扎罗山是东非大裂谷东边缘火山链的一部分。图中可见乞力马扎罗山与自东向西的火山链相连。

蒙杜利火山　　　梅鲁火山　　恩古尔多菊火山　　　　　西拉火山　　基博火山　　马温西火山

马赛人

乞力马扎罗山的北部和西部生活着马赛人。马赛人是游牧狩猎民族，以肉、乳为食，喜饮鲜牛血，相信万物有灵。

基博火山锥

是三大火山锥中年代最短的。基博火山锥被缓坡环绕，现在仍在排放火山气体。

马鞍形山脊

连接基博火山和马温西火山的马鞍形山脊海拔3 600米，有着非洲最大的一片高山冻原植被。

伦斯火山口

缺口

这道缺口是山体中一道很深的裂缝，成因是很久前的一次山体滑坡。

呼鲁峰／基博火山锥

峰上立有一块英文指示牌，向成功登顶乞力马扎罗山的攀登者们表示欢迎。

约 **60 000** 名

每年参观乞力马扎罗山的游客数量。

马温西火山锥

海拔5 149米，非洲第三高峰。尽管距离基博火山仅6千米，它却呈现完全不同的形状，陡峭险峻，拔地而起。

卡帕多西亚

6000万年前，托罗斯山脉的形成导致安纳托利亚高原中部地区形成了一片低谷和洼地，这片低谷和洼地后来被不同的火山的岩浆覆盖。数个世纪以来，极端变化的气温、降雨和风等，共同塑造了该地区奇特的岩石、"精灵烟囱"和洞穴，被称为"地球上最像月球的地方"。

占地300平方千米的卡帕多西亚地区位于土耳其中部的高原上。湿润的海风无法到达此处，因此卡帕多西亚经历着一个个酷暑严冬。这样的气候使岩石不断热胀冷缩。渐渐地，松软的凝灰岩层被风化侵蚀，留下了独特的地质奇观——高高耸立的"精灵烟囱"。

地下城市

当地人口迁入卡帕多西亚地区，在软岩形成的峭壁和塔形山体上挖凿出家和教堂，将卡帕多西亚的自然奇观转化为了人造奇迹。他们甚至挖凿出了地下城市以躲避前来打劫的侵略者。

人工挖凿的房屋

据说这样的地下城市一共有36座。代林库尤——在土耳其语中意为"深井"，是其中规模最大的一座，能容纳2万居民。它分为8层，深入地下60米。

"精灵烟囱"类型

这些地质构造如此特殊的原因是，玄武岩具有更强的抗侵蚀能力，随着周边的凝灰岩被风沙刮走，玄武岩裸露出来，形成了圆盖或冠岩。

凝灰岩
玄武岩

仅存冠岩

仅存山体

各种类型的"精灵烟囱"

冠部

山颈

山体

"精灵烟囱"最高可达40米

拥有魔力的岩石

当地人称这些岩石为"精灵烟囱",因为古时候的人们相信,居住在地下的精灵们正是通过这些岩石来到地面上的。

36

卡帕多西亚地区的地下城数量。这些地下城狭窄潮湿,最初修建的目的是作为侵略者来袭时的避难所。

"精灵烟囱"是如何形成的

地质作用改变着这片地区。数百万年的侵蚀造就了这些神奇的岩石。

1 中新世和上新世期间,该地区火山爆发。

2 火山爆发后形成较软岩层——凝灰岩,这是一种火山碎屑岩,主要成分是火山灰。

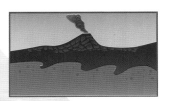

3 火山爆发后还形成了由火山喷发的岩浆冷却凝固而成的玄武岩——一种较坚硬的岩石。

4 又过了数百万年,风沙侵蚀了凝灰岩,较硬的玄武岩露出来——"精灵烟囱"因此诞生。

索 引

索 引

A

B

C

D

W

X

Y

Z